SQL必知必会
巧用AI教你快速精通SQL

康高堂◎编著

内 容 提 要

《SQL必知必会：巧用AI教你快速精通SQL》是一本全面覆盖SQL语言精髓的教程。本书通过系统化的章节安排，由浅入深地引导读者深入理解SQL语言，从数据库的基本概念、表的创建与管理，到复杂的数据查询、数据处理及高级数据库管理功能，均涵盖其中。本书还结合了当下主流的AI工具，帮助读者一步步分析，不仅讲述了基本语法，还借助AI工具进行SQL应用实战，让初学者学会利用AI工具快速学习SQL。

本书示例丰富，旨在帮助读者从零开始，逐步掌握SQL的核心概念、高级特性及实际应用技巧。它不仅可以作为数据库初学者的自学入门教程，也适合广大职业院校相关专业作为教材参考用书。

图书在版编目(CIP)数据

SQL必知必会：巧用AI教你快速精通SQL / 康高堂编著. -- 北京：北京大学出版社，2025.10. -- ISBN 978-7-301-36505-2

Ⅰ．TP311.132.3

中国国家版本馆CIP数据核字第2025W4L001号

书 名	SQL必知必会：巧用AI教你快速精通SQL
	SQL BIZHI BIHUI: QIAOYONG AI JIAONI KUAISU JINGTONG SQL
著作责任者	康高堂　编著
责任编辑	刘　云　姜宝雪
标准书号	ISBN 978-7-301-36505-2
出版发行	北京大学出版社
地　　址	北京市海淀区成府路205号　100871
网　　址	http://www.pup.cn　　新浪微博：@北京大学出版社
电子邮箱	编辑部 pup7@pup.cn　　总编室 zpup@pup.cn
电　　话	邮购部 010-62752015　发行部 010-62750672　编辑部 010-62570390
印刷者	河北博文科技印务有限公司
经销者	新华书店
	880毫米×1230毫米　32开本　9.5印张　273千字
	2025年10月第1版　2025年10月第1次印刷
印　　数	1—3000册
定　　价	69.00元

未经许可，不得以任何方式复制或抄袭本书之部分或全部内容。
版权所有，侵权必究
举报电话：010-62752024　电子邮箱：fd@pup.cn
图书如有印装质量问题，请与出版部联系，电话：010-62756370

前　言

为什么写这本书

本书的撰写旨在满足当前数据库学习领域日益增长的需求，并紧跟技术发展的步伐。

1. SQL的广泛应用与重要性

SQL（Structured Query Language，结构化查询语言）作为目前使用最广泛的数据库语言之一，其重要性不言而喻。无论是应用开发者、数据库管理员、Web应用设计师，还是数据分析师、数据科学家，掌握扎实的SQL知识是必不可少的。SQL不仅是与数据库交互的基础，更是数据分析和数据驱动决策的关键工具。

2. AI工具的兴起与融合

近年来，AI工具的兴起为SQL学习带来了新的机遇。AI工具不仅能够提供智能化的学习体验，还能够帮助用户更好地理解和应用SQL知识。通过结合AI工具，用户可以在实践中不断试错、调整和优化，从而更快地掌握SQL技能。同时，AI工具还能够根据用户的学习情况和进度提供个性化的学习建议和资源，进一步提高学习效率。

3. 实战导向的教学方法

本书采用了实战导向的教学方法。书中不仅详细讲解了SQL的基本语法和常用操作，还通过丰富的示例和实战案例，帮助读者逐步掌握SQL技能。同时，本书结合当下主流的AI工具，通过AI工具的辅助，让读者在实战中更深入地理解和应用SQL知识。

本书的特点是什么

（1）实战导向，注重应用。本书采用实战导向的教学方法，不仅详细讲解了SQL的基本语法和常用操作，还通过丰富的示例和实战案例，帮助读者在解决实际问题的过程中快速掌握SQL技能。这种教学方法能够让读者更好地理解SQL的应用场景和实用价值，提升学习效果。

（2）融合AI工具，创新教学。本书结合当下主流的AI工具，通过AI工具的辅助，帮助读者更高效地学习和应用SQL。AI工具能够提供智能化的学习体验，并根据读者的学习情况和进度提供个性化的学习建议和资源，进一步提高学习效率。同时，通过AI工具的实战应用，读者可以更深入地理解和应用SQL知识，提升实战能力。

（3）内容全面，循序渐进。本书内容全面，涵盖了SQL的基础知识、高级特性及与AI工具的融合应用等多个方面。从基础语法讲起，逐步深入数据查询、数据处理、数据库设计等核心领域，再进一步拓展到存储过程、事务、游标等高级特性。每一章都力求做到循序渐进，帮助读者逐步构建完整的SQL知识体系。

（4）示例丰富，易于理解。本书提供了大量的示例，这些示例不仅覆盖SQL的各个知识点，还涉及不同的应用场景和实战需求。通过这些示例的学习，读者可以更加直观地理解SQL的语法和操作方式，提高学习效果。同时，示例的丰富性也能够帮助读者更好地应对实际工作中的各种挑战。

（5）强调实践，提升技能。本书强调实践的重要性，鼓励读者通过亲手操作来加深理解和记忆。书中不仅提供了详细的操作步骤和说明，还设置了过关练习的环节，帮助读者在实践中不断试错、调整和优化，从而快速掌握SQL技能。这种实践导向的教学方法能够有效提升读者的实战能力和解决问题的能力。

本书适合哪些读者

● SQL 初学者：对于那些对 SQL 语言一无所知或仅有初步了解的人来说，本书将是他们入门 SQL 的绝佳选择。它从基础知识开始，逐步引导读者掌握 SQL 的核心概念和语法。

● 希望提升 SQL 技能的开发者：无论你是软件开发者、数据分析师还是其他专业人士，只要希望在日常工作中有效地使用 SQL，本书都能提供帮助。它包含高级查询技巧、性能优化策略及如何利用 SQL 进行复杂的数据分析和处理。

● 利用 AI 工具增强 SQL 实践能力的读者：本书将介绍如何将 AI 工具与 SQL 相结合，以提高工作效率和准确性。

● 需要快速掌握 SQL 的职场人士：在快节奏的工作环境中，快速掌握 SQL 可能是晋升或胜任新岗位的关键。本书提供了精练而全面的内容，可以帮助读者在短时间内精通 SQL。

● 对数据分析感兴趣的读者：SQL 是数据分析领域不可或缺的技能之一。无论你是商业分析师、市场研究员还是对数据分析感兴趣的普通读者，本书都能帮助你利用 SQL 从数据中提取有价值的见解。

写给读者的学习建议

从你翻开本书的那一刻起，一段充满挑战与收获的旅程即将开启。为了更好地陪伴你走过这段旅程，下面几点建议希望能对你有所帮助。

（1）保持好奇心与探索精神。SQL 的世界既广阔又深邃，从基础语法到高级特性，再到与 AI 工具的融合应用，每一步都充满了探索的乐趣。请保持对未知的好奇心，勇于尝试新的技术和方法，你的每一点进步都将是对自己最好的奖励。

（2）理论与实践相结合。本书提供了丰富的示例和实战案例，这是你快速掌握 SQL 技能的重要途径。请务必亲手操作每一个示例和实战案例，通过实践来加深理解和记忆。同时，鼓励你在自己的工作或项目中积极应用 SQL 知识，将理论与实践紧密结合，提升实战能力。

（3）充分利用AI工具。本书的一大特色是结合了当下主流的AI工具，这些工具将为你的学习过程提供有力支持。请积极利用这些工具进行数据分析、查询优化等，体验AI工具带来的便捷与高效。同时，关注AI技术在SQL领域的最新发展，保持对前沿技术的敏感度。

（4）持之以恒。学习SQL是一个长期的过程，需要持续的努力和坚持。请制订合理的学习计划，设定阶段性目标，并持之以恒地执行，你定能收获满满。

（5）勇于提问，寻求帮助。在学习过程中，你可能会遇到各种各样的问题和困惑，请勇于向他人寻求帮助。无论是身边的同事、朋友，还是在线的社区、论坛，都是你宝贵的资源。通过交流和学习，你将能够更快地解决问题，拓宽自己的视野。

（6）注重基础，但不止步于基础。SQL的基础知识是学习的基石，但请不要止步于此。随着学习的深入，你将接触到更多高级特性和技巧，这些都将为你在数据库领域的进一步发展提供有力支持。因此，在打好基础的同时，也要勇于挑战自己，探索更多未知领域。

> **温馨提示：**
>
> 　　本书提供了全书示例的SQL语句以及过关练习的参考答案，读者可扫描左下方二维码，关注"博雅读书社"微信公众号，输入本书第77页的资源下载码，根据提示获取资源。或者扫描右下方二维码关注公众号，然后输入关键字SQL2025，获取下载链接。
>
>
>
> 　　　博雅读书社　　　新精英充电站

最后，衷心祝愿你在阅读本书的过程中能够收获满满的知识与技能，开启数据库学习与职业生涯的新篇章！

目 录

第1章　SQL概述 ······ 001

1.1　SQL的发展简史 ······ 001
1.2　SQL的应用场景 ······ 002
1.3　SQL的定义 ······ 004
1.4　如何利用AI工具高效学习SQL ······ 005
　　1.4.1　快速理解概念和术语 ······ 006
　　1.4.2　调校代码问题 ······ 011
1.5　AI眼中的SQL是什么 ······ 015
1.6　初学者学习SQL的建议 ······ 016
1.7　本章小结 ······ 017
1.8　过关练习 ······ 017

第2章　创建和操作表 ······ 019

2.1　数据库基础 ······ 019
　　2.1.1　数据库 ······ 019
　　2.1.2　表 ······ 020
　　2.1.3　列和数据类型 ······ 020
　　2.1.4　行 ······ 021
　　2.1.5　主键 ······ 021
2.2　创建表 ······ 022
　　2.2.1　创建表的方法 ······ 022

        2.2.2　使用NULL值 025
        2.2.3　设置默认值 026
        2.2.4　实例1：利用AI工具快速创建书籍表 027
    2.3　更改表 030
        2.3.1　添加列 030
        2.3.2　删除列 030
        2.3.3　修改列的数据类型 030
        2.3.4　重命名列 031
        2.3.5　添加主键或外键约束 031
        2.3.6　删除主键或外键约束 032
        2.3.7　重命名表 032
        2.3.8　删除表 033
        2.3.9　实例2：利用AI工具删除书籍表 034
    2.4　本章小结 036
    2.5　过关练习 036

第3章　数据查询与注释 038

    3.1　SELECT语句 038
        3.1.1　查询单列 038
        3.1.2　查询多列 039
        3.1.3　查询所有列 041
        3.1.4　去重查询 042
        3.1.5　分页查询 043
        3.1.6　实例3：利用AI工具快速编写SELECT语句 044
    3.2　注释 047
        3.2.1　单行注释 047
        3.2.2　多行注释 048
    3.3　本章小结 049
    3.4　过关练习 049

第4章　条件查询　050

- 4.1　认识WHERE语句 050
- 4.2　比较运算符 051
  - 4.2.1　等于运算符 052
  - 4.2.2　大于运算符 053
  - 4.2.3　不等于运算符 053
  - 4.2.4　实例4：利用AI工具快速编写比较运算符相关的SQL语句 054
- 4.3　逻辑运算符 057
  - 4.3.1　AND运算符 057
  - 4.3.2　OR运算符 058
  - 4.3.3　AND和OR结合使用 059
  - 4.3.4　NOT运算符 061
- 4.4　LIKE运算符与通配符 062
  - 4.4.1　%通配符 062
  - 4.4.2　_通配符 065
  - 4.4.3　[]通配符 066
  - 4.4.4　使用通配符的技巧 067
  - 4.4.5　实例5：利用AI工具快速编写通配符相关的SQL语句 067
- 4.5　IN运算符 070
- 4.6　BETWEEN运算符 072
- 4.7　IS NULL和IS NOT NULL运算符 073
  - 4.7.1　IS NULL运算符 073
  - 4.7.2　IS NOT NULL运算符 074
- 4.8　本章小结 075
- 4.9　过关练习 076

第5章　计算与字段合并　077

- 5.1　计算字段 077
  - 5.1.1　加法运算符（+） 077
  - 5.1.2　减法运算符（-） 080

- 5.1.3 乘法运算符（*） 080
- 5.1.4 除法运算符（/） 081
- 5.1.5 组合运算 082
- 5.1.6 实例6：利用AI工具快速编写计算相关的SQL语句 083
- 5.2 拼接字段 086
  - 5.2.1 管道符（||）拼接 086
  - 5.2.2 +拼接 088
  - 5.2.3 实例7：利用AI工具快速编写拼接相关的SQL语句 089
- 5.3 本章小结 090
- 5.4 过关练习 091

第6章 函数 092

- 6.1 常用函数 092
  - 6.1.1 文本函数 093
  - 6.1.2 日期函数 096
  - 6.1.3 数值函数 100
  - 6.1.4 聚集函数 101
  - 6.1.5 实例8：利用AI工具快速编写函数相关的SQL语句 105
- 6.2 本章小结 108
- 6.3 过关练习 109

第7章 排序和分组 110

- 7.1 排序 110
  - 7.1.1 单列排序 111
  - 7.1.2 多列排序 112
  - 7.1.3 按列位置排序 113
  - 7.1.4 实例9：利用AI工具快速编写排序相关的SQL语句 115
- 7.2 分组 117
  - 7.2.1 SQL中的GROUP BY子句 117

7.2.2　HAVING 子句与分组后的数据筛选 119
7.2.3　分组与排序 120
7.2.4　SELECT 子句的执行顺序 121
7.2.5　实例 10：利用 AI 工具快速编写分组相关的 SQL 语句 122
7.3　本章小结 124
7.4　过关练习 124

第 8 章　子查询 126

8.1　认识子查询 126
8.2　子查询的应用场景 127
8.3　利用子查询精准过滤数据 128
8.4　实例 11：利用 AI 工具快速编写子查询相关的 SQL 语句 132
8.5　本章小结 135
8.6　过关练习 136

第 9 章　联表查询 137

9.1　认识联表查询 137
9.2　联表查询类型 138
　　9.2.1　CROSS JOIN（交叉连接） 138
　　9.2.2　INNER JOIN（内连接） 142
　　9.2.3　LEFT JOIN（左连接） 144
　　9.2.4　RIGHT JOIN（右连接） 146
　　9.2.5　FULL OUTER JOIN（全外连接） 147
　　9.2.6　SELF JOIN（自连接） 149
9.3　实例 12：利用 AI 工具快速编写联表查询相关的 SQL 语句 151
9.4　联表查询的优化策略 154
9.5　本章小结 155
9.6　过关练习 155

第 10 章　组合查询 · **156**

10.1　合并去重：UNION · 156

10.2　合并保留重复：UNION ALL · 159

10.3　实例 13：利用 AI 工具快速编写 UNION 和 UNION ALL 语句 · · · · · · · · · · · · · 162

10.4　本章小结 · 165

10.5　过关练习 · 166

第 11 章　数据插入 · **167**

11.1　SQL 数据插入基础 · 167

　　11.1.1　单行插入 · 168

　　11.1.2　多行插入 · 171

11.2　SQL 数据插入高级 · 173

　　11.2.1　插入检索出来的数据 · 174

　　11.2.2　从一个表复制到另一个表中 · 175

　　11.2.3　实例 14：AI 工具教你插入检索出来的数据 · 177

11.3　本章小结 · 179

11.4　过关练习 · 179

第 12 章　更新和删除 · **180**

12.1　数据库更新操作（UPDATE）· 180

12.2　实例 15：利用 AI 工具快速编写数据库更新相关的 SQL 语句 · · · · · · · · · · · · · · 184

12.3　数据库删除操作（DELETE）· 187

12.4　实例 16：利用 AI 工具快速编写数据库删除相关的 SQL 语句 · · · · · · · · · · · · · · 190

12.5　本章小结 · 192

12.6　过关练习 · 193

第13章 视图 ····· 194

- 13.1 什么是视图 ····· 194
- 13.2 创建视图 ····· 195
- 13.3 修改视图 ····· 197
- 13.4 删除视图 ····· 198
- 13.5 实例17：利用AI工具快速编写视图相关的SQL语句 ····· 200
- 13.6 本章小结 ····· 204
- 13.7 过关练习 ····· 205

第14章 存储过程 ····· 206

- 14.1 存储过程的定义 ····· 206
- 14.2 存储过程的使用场景 ····· 208
- 14.3 存储过程的创建与使用 ····· 209
- 14.4 实例18：利用AI工具快速编写存储过程相关的SQL语句 ····· 217
- 14.5 本章小结 ····· 222
- 14.6 过关练习 ····· 223

第15章 事务 ····· 224

- 15.1 什么是事务 ····· 224
  - 15.1.1 原子性 ····· 225
  - 15.1.2 一致性 ····· 226
  - 15.1.3 隔离性 ····· 227
  - 15.1.4 持久性 ····· 229
- 15.2 事务的管理与实现 ····· 230
- 15.3 实例19：利用AI工具快速编写事务相关的SQL语句 ····· 237
- 15.4 本章小结 ····· 241
- 15.5 过关练习 ····· 241

第16章 游标 … 242

16.1 游标的基本概念 … 242
16.2 游标的使用 … 243
16.3 不同数据库系统中的游标应用 … 246
16.4 实例20:利用AI工具快速编写游标相关的SQL语句 … 248
16.5 本章小结 … 250
16.6 过关练习 … 250

第17章 高级SQL特性 … 251

17.1 约束 … 251
17.2 实例21:利用AI工具快速创建表的约束 … 262
17.3 索引 … 265
17.4 实例22:利用AI工具快速创建表的索引 … 268
17.5 触发器 … 269
17.6 实例23:利用AI工具快速编写触发器 … 273
17.7 数据库安全 … 276
17.8 本章小结 … 278
17.9 过关练习 … 279

附录A 样例脚本 … 280
附录B SQL关键字 … 289

第1章　SQL概述

随着信息技术，特别是20世纪90年代以来互联网的蓬勃发展，SQL已逐渐成为我们生活中不可或缺的一部分，深刻影响着社会运行的方方面面。无论是我们日常使用的购物软件，还是浏览的各类网站，其背后都离不开SQL的支撑。鉴于SQL在现代社会中扮演着如此重要的角色，我们有必要深入了解它。接下来，让我们一同走进SQL的世界，探寻它的奥秘。

【学习目标】
- 了解SQL的发展简史。
- 理解SQL的定义。
- 学会利用AI工具高效学习SQL。

1.1　SQL的发展简史

SQL的发展主要经历了以下几个阶段。

（1）SQL的起源可追溯到20世纪70年代。1970年，IBM公司的Edgar Frank Codd博士提出了关系型数据库的模型，这标志着SQL语言的前身开始崭露头角。Codd博士因此被称为"关系型数据库之父"。

（2）1974年，IBM公司开始将Codd博士的理论付诸实践，着手开发一款名为System R的数据库。在这一过程中，他们研发出了一套结构化查询语句"SEQUEL"，这被视为SQL的雏形。System R数据库于1978年首次发布，主要用于科研和实验。1979年，甲骨文（Oracle）公司率先推出了商用的SQL，随后IBM公司也在其DB2数据库中实现了SQL。这表明SQL语言已经开始在业界得到应用。

（3）进入20世纪80年代，SQL的发展进入了关键阶段。为了解决不同关系型数据库产品之间的互操作性问题，美国国家标准学会（ANSI）开始牵头制定SQL的标准化规范。1986年，ANSI发布了首个正式SQL标准，即SQL-86。该标准涵盖了基本的数据操作语言（DML）、数据定义语言（DDL）和数据控制语言（DCL），为SQL的普及与发展奠定了基础。此后，SQL标准持续演进，1989年发布了SQL-89，1992年发布了影响深远的SQL-92，1999年发布了支持面向对象等新特性的SQL:1999。

（4）2003年和2008年分别发布了SQL:2003和SQL:2008标准。这些标准的不断更新，使SQL语言功能日益强大，灵活性显著提升。SQL的发展不仅推动了联机分析处理（OLAP）技术的进步，为企业决策提供了强大支持，还催生了多个重要的分支和衍生语言。例如，PL/SQL是专用于Oracle数据库的程序设计语言扩展，而T-SQL（Transact-SQL）则是Microsoft SQL Server系列数据库的核心扩展语言。这些分支语言旨在满足更专业和特定的开发需求。

纵观其发展史，SQL经历了一个不断演进、完善和标准化的历程。从最初的学术原型到如今的全球性标准，SQL已成为企业级数据库系统中不可或缺的标准语言，发挥着日益关键的作用。随着技术的持续进步和应用场景的不断拓展，SQL必将迎来更多的发展和创新。

1.2 SQL的应用场景

SQL语言的应用场景非常广泛，几乎涵盖了所有需要数据管理的业务领域。以下是SQL的主要应用场景。

（1）企业管理与信息系统。
- 客户关系管理（CRM）：通过SQL数据库存储客户信息、交易记录等数据，实现客户信息的管理和分析，提升客户服务水平。
- 人力资源管理（HRM）：存储员工档案、考勤记录、薪资信息等数据，支持企业人力资源管理和员工绩效评估。
- 企业资源规划（ERP）：整合企业各部门的业务流程，如财务、采购、生产、销售等,通过SQL数据库管理相关数据。

(2)电子商务。

● 商品交易:存储商品信息、用户账户、订单详情、交易记录等数据,支持高并发读写操作及实时库存管理。

● 订单管理:记录用户订单信息、支付状态、配送信息等数据,实现订单的处理和跟踪。

(3)金融服务。

● 银行和金融机构:用于处理金融交易、构建财务系统、进行风险管理等,要求极高的数据一致性与安全性。

● 账户管理:存储客户账户信息、交易记录、余额等数据,支持账户管理和资金结算。

● 风险控制:分析客户信用评级、交易行为等数据,识别和预防金融风险。

(4)内容管理。

● 内容管理系统(CMS):如博客、新闻网站、论坛等,用于存储文章、用户评论、用户权限等数据。

● 社交媒体平台:存储用户个人资料、社交关系、帖子、消息等可以模式化的非结构化或半结构化数据,支持用户管理和个性化推荐。

(5)数据分析与报表。

SQL提供了强大的查询功能,适用于从海量数据中提取价值。

● 数据分析:通过使用SQL查询语句,用户可以快速获取所需的数据,并生成各类报表和可视化图表。

● 数据统计:SQL支持数据聚合和汇总,如使用SUM、AVG、COUNT等函数计算数据的总和、平均值、计数等统计指标。

(6)教育与培训。

● 在线教育平台:记录学生学习进度、课程资料、考试成绩等教育相关数据。

(7)医疗保健。

● 医疗信息分析:医疗保健机构通过SQL分析包含患者行为、医疗状况和人口统计信息的大型数据集，以获取关键洞察并开发解决方案。

（8）游戏开发。

存储玩家的游戏进度、虚拟资产、排行榜及其他游戏内状态数据。

（9）科学研究。

- 实验数据管理：存储科研实验数据、观测数据等，支持科学家对实验数据的管理和分析。
- 学术成果管理：记录科研人员的学术论文、研究成果等信息，促进学术交流与合作。
- 科研项目管理：存储科研项目信息、经费使用情况等数据，支持科研项目的管理和评估。

（10）其他应用。

- SQL在后端Web开发中应用广泛，因为它允许数据库与前端软件的集成，确保数据的顺畅流转。
- 数据库管理员使用SQL来更新和维护在线数据库，而软件工程师则依赖SQL构建后端服务和前端应用之间的连接。

SQL语言凭借其强大的数据处理能力和广泛的应用领域，成为现代信息化时代不可或缺的核心技术。在不同的应用场景下，SQL数据库的选择（如MySQL、PostgreSQL、Oracle、SQL Server等）也需根据具体性能、功能、成本和生态需求而定。

1.3 SQL的定义

SQL，全称是Structured Query Language（结构化查询语言）。它既是一种特定领域的编程语言（DSL），也是一种用于关系型数据库系统的数据库查询和程序设计语言，主要用于存取数据，以及进行查询、更新和管理操作。SQL语句通常保存在以.sql为扩展名的数据库脚本文件中。

SQL是一种高级的、非过程化的编程语言。它允许用户在高层数据结构上工作，既不要求用户指定数据的物理存储方法，也不需要用户了解具体的存储细节。因此，底层结构完全不同的数据库系统，均可使用相同的SQL语言作为数据输入与管理的标准接口。

SQL语言由数据定义语言（DDL）、数据操作语言（DML）和数据控制语言（DCL）及数据查询语言（DQL）组成，具有一体化和高度非过程化的特性，可以完成数据库活动中的全部工作。

此外，SQL也广泛应用于数据处理、查询分析、数据可视化、数据库安全、数据挖掘和数据存储等场景。主流的关系型数据库管理系统（RDBMS，Relational Database Management System），如MySQL、Oracle、SQL Server、MS Access、Sybase、Informix、PostgreSQL等，均支持SQL作为其标准的查询语言。

> 温馨提示：
> - 数据定义语言（DDL）：用于定义或修改数据库的结构（如表、视图、索引、数据类型和存储过程等的创建、修改和删除）。常用的DDL语句包括CREATE、ALTER、DROP等。
> - 数据操作语言（DML）：用于管理数据，即添加、删除和修改表中的数据。常用的DML语句包括INSERT、UPDATE、DELETE等。
> - 数据控制语言（DCL）：用于定义数据库的访问权限、安全级别，以及事务控制。常用的DCL语句包括GRANT、REVOKE、COMMIT、ROLLBACK等。
> - 数据查询语言（DQL）：专门用于从数据库中检索数据。最常用的是SELECT语句，它允许用户根据各种条件查询数据库中的数据。

1.4 如何利用AI工具高效学习SQL

利用AI工具能够显著提升SQL的学习效率，特别是在以下几个方面：快速理解概念与术语、协助编写代码以及调试与优化代码。

> 温馨提示：
> 本书中所指的AI工具主要是DeepSeek和ChatGPT，二者均具备强大的

> 自然语言处理能力,并持续更新迭代,应用场景广泛。它们具有以下特点。
> ● 强大的自然语言处理能力:它们都能够理解和生成自然语言文本,实现与用户的交互。
> ● 多领域应用:它们都可应用于多个领域,如文本创作、知识问答、逻辑推理、数学计算等,为用户提供多样化的服务。
> ● 持续优化更新:随着技术的不断发展,它们都在持续优化和更新,以提供更智能、高效的服务。

1.4.1 快速理解概念和术语

1. 智能释义与概念定义

AI工具内置丰富的数据库和语义分析功能,可快速解释SQL中的概念、术语和语法。用户只需在AI工具中输入关键词即可获取详细的解释及相关示例。

【示例1-1】理解数据库中表的概念。

借助DeepSeek理解数据库表的相关知识,如图1-1所示。

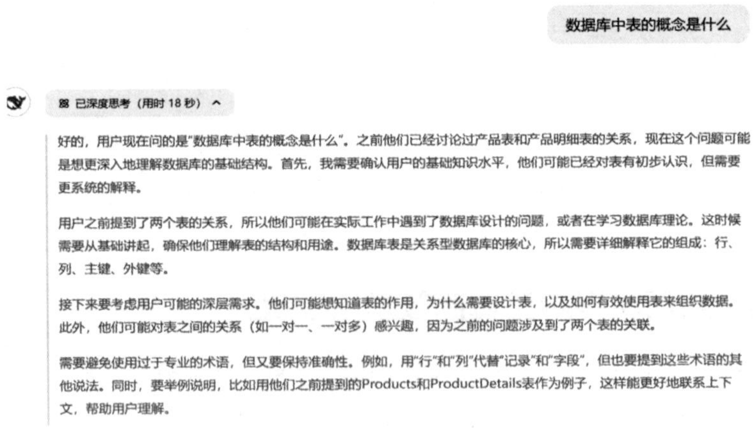

> 数据库中表的概念是什么
>
> 🧠 已深度思考(用时18秒) ︿
>
> 好的,用户现在问的是"数据库中表的概念是什么"。之前他们已经讨论过产品表和产品明细表的关系,现在这个问题可能是想更深入地理解数据库的基础结构。首先,我需要确认用户的基础知识水平,他们可能已经对表有初步认识,但需要更系统的解释。
>
> 用户之前提到了两个表的关系,所以他们可能在实际工作中遇到了数据库设计的问题,或者在学习数据库理论。这时候需要从基础讲起,确保他们理解表的结构和用途。数据库表是关系型数据库的核心,所以需要详细解释它的组成:行、列、主键、外键等。
>
> 接下来要考虑用户可能的深层需求。他们可能想知道表的作用,为什么要设计表,以及如何有效使用表来组织数据。此外,他们可能对表之间的关系(如一对一、一对多)感兴趣,因为之前的问题涉及到了两个表的关联。
>
> 需要避免使用过于专业的术语,但又要保持准确性。例如,用"行"和"列"代替"记录"和"字段",但也要提到这些术语的其他说法。同时,要举例说明,比如用他们之前提到的Products和ProductDetails表作为例子,这样能更好地联系上下文,帮助用户理解。

图1-1 向DeepSeek提问

还要注意扩展概念，比如主键和外键的作用，索引的重要性，以及表设计的原则，如范式。这些内容能帮助用户全面理解表的概念，不仅仅是定义，还包括实际应用中的注意事项。

最后，确保回答结构清晰，分点列出，便于用户消化信息。可能需要检查是否有遗漏的重要点，比如表的操作（增删改查）或者数据库管理系统的作用，但根据问题范围，可能不需要深入这些细节。总结部分要简明扼要，强化关键点，并邀请用户进一步提问，促进互动。

数据库中的 **表（Table）** 是关系型数据库的核心概念，用于以结构化方式存储和管理数据。以下是关于表的详细解释：

1. 表的本质

- **结构化容器**
  表是数据的二维逻辑结构，由 **行（Row/Record）** 和 **列（Column/Field）** 组成，类似电子表格。
- **关系模型的核心**
  数据库通过表实现关系模型，每个表代表一个实体（如"产品"），列描述实体属性，行存储具体实例。

2. 表的组成

组成部分	描述
列（Column）	定义数据的属性（如 `ProductID`, `ProductName`），每个列有明确的数据类型（如整数、字符串、日期）。
行（Row）	一条具体的数据记录（如一个产品的完整信息）。
主键（Primary Key）	唯一标识表中每条记录的列（如 `ProductID`），不可重复且非空。
外键（Foreign Key）	关联其他表的列（如 `ProductDetails.ProductID`），确保数据引用完整性。

3. 表的核心作用

- **数据组织**
  将零散数据按业务逻辑分类存储（如产品信息、订单信息分离）。
- **关系建立**
  通过主键和外键关联多个表（如 `Products` 和 `ProductDetails` 表的一对多关系）。
- **约束管理**
  通过数据类型、唯一性约束、非空约束等保证数据质量（如禁止重复的 `ProductID`）。

图1-1　向DeepSeek提问（续）

温馨提示：

DeepSeek主要提供以下功能。

1. 深度思考

特点：在提供答案的同时展示推理过程。

适用场景：适用于需要逻辑分析、多方案探讨或创意建议的场景。例如，"请分析这个SQL查询的优点和缺点"。

> **2. 联网搜索**
>
> 特点：可实时访问互联网获取最新信息。
>
> 适用场景：适用于查询新闻、实时数据或最新研究成果。例如，"查询近期关于SQL:2023标准更新的信息"。
>
> 在向Deepseek提问时，可明确需求、分层追问、切换视角等，从而提升交互效果。
>
> 本书示例默认采用"深度思考"模式，读者可根据需求选择。

2. 概念图谱与关联学习

AI工具能以可视化的方式展示SQL中概念间的关系，形成概念图谱，帮助用户快速理解概念间的联系和区别，从而更好地掌握SQL的整体框架。

【示例1-2】可视化产品表关联。

借助DeepSeek生成知识图谱，如图1-2所示。

> 产品表（Products）和产品明细表（ProductDetails）存在关联关系，请帮我生成知识图谱。
>
> 🔍 已深度思考（用时19秒）⌃
>
> 好的，用户让我帮忙画一个知识图谱，涉及产品表和产品明细表的关系。首先，我需要确认这两张表的结构和他们之间的关联。通常，产品表可能包含产品的基本信息，比如产品ID、名称、价格等，而产品明细表可能包含更详细的属性，比如规格、颜色、库存等。他们之间的关联应该是通过产品ID来连接的，也就是主键和外键的关系。
>
> 接下来，我需要考虑用户的使用场景。可能是数据库设计或者数据建模，或者是为了某个系统设计数据架构。用户可能是开发人员、数据分析师或者产品经理，需要理解这两个表的关系以便进行查询、报表生成或者系统开发。用户的真实需求可能不仅仅是画一个知识图谱，而是想理清两个表之间的关系，确保数据的一致性和完整性，或者优化查询性能。
>
> 然后，我需要思考知识图谱的呈现方式。用户可能希望看到实体、属性以及它们之间的关系。可能需要用图形化的方式表示，比如ER图，或者用文本描述结构。如果用户没有明确说明格式，可能需要提供两种方式，或者选择最常用的ER图。
>
> 另外，用户可能对关联类型有疑问，比如是一对一、一对多还是多对多。通常，一个产品可能对应多个明细，比如不同颜色或尺寸，所以可能是一对多的关系。但需要确认是否有这样的信息。在用户的问题中没有提到，可能需要假设，或者明确说明可能的两种情况。
>
> 还要考虑是否有其他可能的属性或关联，比如分类、供应商等，但用户只提到两个表，所以暂时不需要扩展。需要保持简洁，只展示用户要求的表及其关系。
>
> 最后，检查是否有遗漏，比如主键、外键的标注，是否明确关联字段，以及是否合适的符号表示关系（如箭头、连线等）。确保图谱清晰易懂，符合常见的数据库设计规范。

图1-2　借助DeepSeek生成知识图谱

以下是为产品表（Products）和产品明细表（ProductDetails）设计的关系知识图谱，采用文字版实体-属性-关系（ER）格式呈现：

```
[Products] (产品表)
│
├── 主键
│   └── ProductID (唯一标识符)
│
├── 基础属性
│   ├── ProductName (产品名称)
│   ├── Category (分类)
│   ├── BasePrice (基础价格)
│   └── ReleaseDate (发布日期)
│
└── 关联关系
    │
    │  ┌─── 一对多关系 ───┐
    │  │ (1 Product → N Details) │
    │  └─────────────────┘
    │           ↓

[ProductDetails] (产品明细表)
│
├── 主键
│   └── DetailID (唯一标识符)
│
├── 外键
│   └── ProductID (关联Products表)
│
├── 扩展属性
│   ├── Color (颜色选项)
│   ├── Size (尺寸规格)
│   ├── WarehouseStock (库存量)
│   └── SKU (唯一库存编码)
│
└── 反向关联
    │
    │  ┌─── 多对一关系 ───┐
    │  │ (N Details → 1 Product) │
    │  └─────────────────┘
    │           ↑
```

图1-2　借助DeepSeek生成知识图谱（续）

> **温馨提示：**
> ER图（Entity-Relationship Diagram）是用于建立数据模型的一种图形化工具。在数据库系统概论中，ER图属于概念设计阶段，旨在形成独立于具体机器和数据库管理系统（DBMS）的概念模型。它提供了表示实体（数据对象）、属性以及实体间联系的方法，用以描述现实世界。
>
> 在ER图中，实体通常用矩形框表示，并在框内写明实体名；实体的属性用椭圆形表示，通过无向边与相应的实体连接；实体间的联系则用菱形框表示，在框内写明联系名，通过无向边分别与相关实体连接，并在无向边旁标注联系的类型（1:1、1:n或$m:n$）。

> ER 图是数据库的设计蓝图，可作为数据库实现的依据。它清晰地展现了数据库中的实体及其相互关系，有助于数据库的设计与优化。
>
> 常用于绘制 ER 图的工具包括：Microsoft Visio（提供丰富的模板和形状，适合创建复杂 ER 图）、PowerDesigner（适用于需要高效数据库设计和建模的场景）、ER/Studio（适用于需要全面数据库设计支持的场景）以及 Draw.io（适合个人开发者和小型团队）。读者可根据自身需求选择合适的工具。

3. 实时问答与概念澄清

在学习过程中，如果遇到不理解的概念或术语，用户可以随时向 AI 工具提问。AI 工具会根据用户的问题生成针对性的解答，帮助用户澄清相关概念，加深对 SQL 的理解。

【示例 1-3】理清关系型数据库种类。

利用 DeepSeek 理清关系型数据库种类，如图 1-3 所示。

图 1-3　向 DeepSeek 提问

另外，用户可能对云数据库不太熟悉，需要解释云数据库的优势，如自动备份、扩展性、托管服务等。可以提到AWS的Aurora、Google Cloud SQL和Azure SQL Database作为例子。

最后，应该有一个总结部分，帮助用户根据不同的需求选择合适的数据库类型。比如，企业级应用、Web应用、嵌入式系统、云原生应用等分别适合哪些数据库。

需要注意避免使用过于技术化的术语，保持解释的易懂性。同时，结构要清晰，分点列出，方便用户阅读和理解。

关系型数据库（RDBMS）是数据库领域的主流类型，以下是常见的种类及其特点，按技术生态和商业性质分类整理：

一、商业关系型数据库

数据库名称	开发商	核心特点	适用场景
Oracle Database	Oracle	企业级功能（高可用、分布式）、高并发处理、高成本	金融、电信等大型企业核心系统
Microsoft SQL Server	微软	深度集成Windows生态、商业智能（BI）、图形化管理工具（SSMS）	企业级应用、数据分析
IBM Db2	IBM	支持混合云、AI集成、列式存储优化	混合云环境、企业级OLTP/OLAP
SAP HANA	SAP	内存计算、实时分析、支持事务处理与分析处理一体化（HTAP）	实时业务分析、SAP系统集成

二、开源关系型数据库

数据库名称	社区/公司	核心特点	适用场景
MySQL	Oracle	轻量级、高扩展、兼容性强、社区版免费	Web应用、中小型业务系统
PostgreSQL	开源社区	支持JSON/XML、扩展性强（GIS/全文检索等）、ACID严格	复杂查询、地理信息系统（GIS）
MariaDB	MariaDB基金会	MySQL分支、完全兼容MySQL、优化查询性能	MySQL替代方案、云原生应用
SQLite	开源社区	嵌入式、零配置、单文件存储	移动端、桌面端本地存储

图1-3 向DeepSeek提问（续）

1.4.2 调校代码问题

1. 错误诊断与问题定位

当用户的SQL代码出现问题时，AI工具能够迅速诊断错误原因并定位问题所在，帮助用户快速解决问题，避免在调试过程中浪费过多时间。

【示例1-4】定位SQL语法错误。

利用DeepSeek定位SQL语法问题，如图1-4所示。

> 帮我查看一下这句SQL是否正确"selecb * from products"。

> ⊗ 已深度思考（用时22秒）
>
> 嗯，用户让我帮忙检查一句SQL是否正确，给出的语句是"selecb * from products"。首先，我需要仔细看看这个语句哪里有问题。用户可能刚开始学SQL，或者是在编写时手误打错了。首先，我应该检查基本的语法结构是否正确。
>
> 首先注意到的是"selecb"这个单词，正确的应该是"SELECT"。这里明显是拼写错误，把"T"打成了"B"，所以第一个错误就是关键字拼写错误。接下来是"*"，这部分是正确的，表示选择所有列。然后是"from products"，这里"from"应该是小写还是大写呢？其实SQL关键字是不区分大小写的，所以这里写成小写也没问题，不过通常大家会习惯把关键字写成大写，提高可读性。表名"products"看起来没问题，假设数据库中确实存在这个表。
>
> 然后，整个语句的结构应该是SELECT [列名] FROM [表名]，所以正确的是"SELECT * FROM products;"。分号在SQL中虽然不是必须的，但在某些环境下可能需要，加上分号会更规范。
>
> 接下来，我需要考虑用户为什么会犯这个错误。可能是在输入的时候手快打错了字母，或者对SQL的关键字不熟悉，特别是刚开始学习的时候容易拼写错误。用户的需求显然是检查SQL的正确性，但深层需求可能更希望了解如何避免这类错误，或者学习正确的语法结构。
>
> 另外，用户可能没有意识到SQL关键字的大小写问题，虽然不影响执行，但良好的格式习惯有助于代码的可读性和维护性。所以，在指出错误的同时，也应该提到这一点，帮助用户养成良好的编码习惯。
>
> 还有，用户可能是在实际工作中遇到了问题，比如执行这个语句时报错，于是想确认是不是自己写错了。这时候，除了纠正拼写错误，还可以建议他们在执行SQL之前使用哪些工具或方法来检查语法，比如一些数据库管理工具会有语法高亮和错误提示，或者使用解释功能来预检查。
>
> 最后，要确保回应用户的方式友好且鼓励，避免让他们因为小错误而感到沮丧。同时，可以简要说明正确的语法结构，帮助他们巩固知识，避免再犯类似的错误。

您提供的 SQL 语句存在拼写错误，正确的语句应该是：

错误分析：

1. `selecb` → `SELECT`

   SQL 关键字 `SELECT` 被错误拼写为 `selecb`（末尾多了一个 `b`）。

2. **格式建议**

   - SQL 关键字通常建议大写（如 `SELECT`，`FROM`），以提高可读性。
   - 表名和字段名保持小写（如 `products`）。

图 1-4　向 DeepSeek 提问

2. 性能分析与优化建议

AI工具可以对用户的SQL代码进行性能分析，找出可能的性能瓶颈和可优化的环节，并提供针对性的优化建议，帮助用户提升SQL代码的执行效率。

【示例1-5】优化SQL查询。

利用DeepSeek优化SQL查询，如图1-5所示。

select * from products where id ='1',请对我写的这条SQL语句提供优化建议。

> 已深度思考（用时 21 秒）∧

嗯，用户让我对他写的SQL语句提优化建议，原句是SELECT * FROM products WHERE id = '1'。首先，我需要仔细分析这条语句可能存在的问题，然后给出合理的建议。

首先，看看表结构。用户用了WHERE id = '1'，这里的id字段是什么类型的呢？如果是数值类型，比如INT，那么用引号包裹'1'可能会导致隐式类型转换，这样会让索引失效，影响查询效率。所以第一个建议应该是检查id的数据类型，如果是数值型，就去掉引号，直接写id = 1。

然后，SELECT * 会返回所有字段，如果表中有很多字段或有大字段（如TEXT/BLOB），这会影响性能，尤其是网络传输和数据加载。应该建议用户明确指定需要的字段，减少不必要的数据传输，提高查询效率。

接下来，确认id字段是否有索引。如果没有索引，即使查询条件正确，全表扫描也会很慢。特别是如果products表很大，没有索引的话，查询速度会很慢。所以，建议用户为id字段添加主键或唯一索引，确保查询能利用索引。

另外，考虑是否会有SQL注入的风险。虽然这里参数是硬编码的'1'，但如果是动态生成的，比如来自用户输入，使用字符串拼接可能会有风险。建议使用参数化查询来预防SQL注入，尤其是在应用层代码中。

还有，检查数据库的查询执行计划。通过EXPLAIN来分析查询是否有效使用了索引，以及扫描的行数，这样可以更直观地确认优化效果。

可能还有其他方面需要考虑，比如数据库的缓存机制、表的数据量大小、是否有分区等，但针对当前的SQL语句，以上几点应该是比较直接的优化点。

总结下来，用户的SQL主要可能在类型转换、字段选择、索引缺失和注入风险上有改进空间。需要将这些点用简洁明了的方式解释清楚，帮助用户优化查询性能和安全。

针对您的SQL语句 `SELECT * FROM products WHERE id = '1'`，以下是优化建议：

1. 避免隐式类型转换

- **问题**：如果 `id` 字段是数值类型（如 `INT`），使用 `id = '1'` 会导致数据库隐式将字符串 `'1'` 转换为数字，可能使索引失效。
- **优化**：直接使用数值类型。

2. 避免使用 `SELECT *`

- **问题**：`SELECT *` 会查询所有字段，若表中包含大字段（如 `TEXT/BLOB`）或字段较多，会增加I/O和网络传输开销。
- **优化**：明确指定所需字段。

图1-5 向DeepSeek提问

3. 代码审查与最佳实践

通过AI工具的代码审查功能，用户可以检查自己的SQL代码是否符合最佳实践和规范。AI工具会根据代码给出改进意见和建议，有助于提高代码质量和可读性。

【示例1-6】审查UNION ALL用法。

利用DeepSeek审查代码是否合规，如图1-6所示。

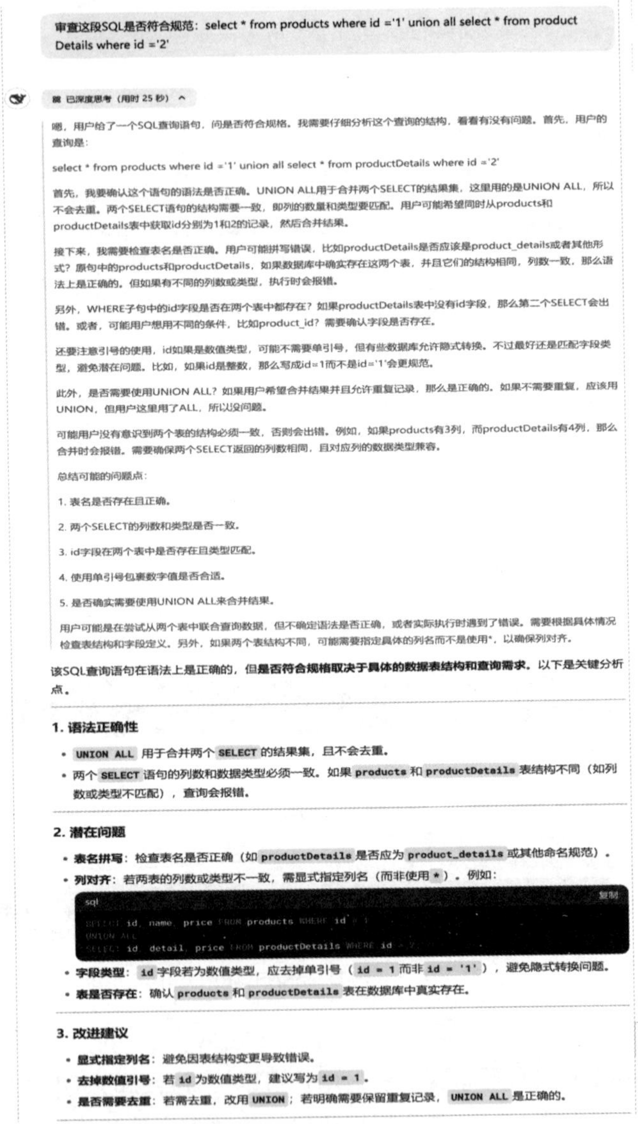

审查这段SQL是否符合规范：select * from products where id ='1' union all select * from product Details where id ='2'

已深度思考（用时 25 秒）

嗯，用户给了一个SQL查询语句，问是否符合规格。我需要仔细分析这个查询的结构，看看有没有问题。首先，用户的查询是：

select * from products where id ='1' union all select * from productDetails where id ='2'

首先，我要确认这个语句的语法是否正确。UNION ALL用于合并两个SELECT的结果集，这里用的是UNION ALL，所以不会去重。两个SELECT语句的结构需要一致，即列的数量和类型要匹配。用户可能希望同时从products和productDetails表中获取id分别为1和2的记录，然后合并结果。

接下来，我需要检查表名是否正确。用户可能拼写错误，比如productDetails是否应该是product_details或者其他形式？原句中的products和productDetails，如果数据库中确实存在这两个表，并且它们的结构相同，列数一致，那么语法上是正确的。但如果有不同的列数或类型，执行时会报错。

另外，WHERE子句中的id字段是否在两个表中都存在？如果productDetails表中没有id字段，那么第二个SELECT会出错。或者，可能用户想用不同的条件，比如product_id？需要确认字段是否存在。

还要注意引号的使用，id如果是数值类型，可能不需要单引号，但有些数据库允许隐式转换。不过最好还是匹配字段类型，避免潜在问题。比如，如果id是整数，那么写成id=1而不是id='1'会更规范。

此外，是否需要使用UNION ALL？如果用户希望合并结果并且允许重复记录，那么是正确的。如果不需要重复，应该用UNION，但用户这里用了ALL，所以没问题。

可能用户没有意识到两个表的结构必须一致，否则会出错。例如，如果products有3列，而productDetails有4列，那么合并时会报错。需要确保两个SELECT返回的列数相同，且对应列的数据类型兼容。

总结可能的问题点：

1. 表名是否存在且正确。
2. 两个SELECT的列数和类型是否一致。
3. id字段在两个表中是否存在且类型匹配。
4. 使用单引号包裹数字值是否合适。
5. 是否确实需要使用UNION ALL来合并结果。

用户可能是在尝试从两个表中联合查询数据，但不确定语法是否正确，或者实际执行时遇到了错误。需要根据具体情况检查表结构和字段定义。另外，如果两个表结构不同，可能需要指定具体的列名而不是使用*，以确保列对齐。

该SQL查询语句在语法上是正确的，但**是否符合规格取决于具体的数据表结构和查询需求**。以下是关键分析点。

1. 语法正确性

- `UNION ALL` 用于合并两个 `SELECT` 的结果集，且不会去重。
- 两个 `SELECT` 语句的列数和数据类型必须一致。如果 `products` 和 `productDetails` 表结构不同（如列数或类型不匹配），查询会报错。

2. 潜在问题

- **表名拼写**：检查表名是否正确（如 `productDetails` 是否应为 `product_details` 或其他命名规范）。
- **列对齐**：若两表的列数或类型不一致，需显式指定列名（而非使用 `*`）。例如：

```sql
SELECT id, name, price FROM products WHERE id = 1
UNION ALL
SELECT id, detail, price FROM productDetails WHERE id = 2;
```

- **字段类型**：`id` 字段若为数值类型，应去掉单引号（`id = 1` 而非 `id = '1'`），避免隐式转换问题。
- **表是否存在**：确认 `products` 和 `productDetails` 表在数据库中真实存在。

3. 改进建议

- **显式指定列名**：避免因表结构变更导致错误。
- **去掉数值引号**：若 `id` 为数值类型，建议写为 `id = 1`。
- **是否需要去重**：若需去重，改用 `UNION`；若明确需要保留重复记录，`UNION ALL` 是正确的。

图1-6 向DeepSeek提问

1.5 AI眼中的SQL是什么

作为一名新手,如果不知道什么是SQL,那么可以向AI工具咨询以获得帮助。

☆提示词:

什么是SQL?

☆ChatGPT回答:

> SQL,全称是Structured Query Language(结构化查询语言),是用于管理关系型数据库管理系统(RDBMS)的标准编程语言。SQL被设计用于管理、访问和处理数据库中的数据,使用户能够执行多种数据库操作,包括数据查询、插入、更新和删除等。
>
> SQL的特点如下。
> ● 通用性:SQL是关系型数据库的标准语言,广泛应用于多种不同的数据库系统,如MySQL、Oracle、SQL Server、PostgreSQL等。
> ● 非过程化:SQL是一种声明性语言,用户只需描述所需结果即可,无须指定实现步骤。数据库管理系统(DBMS)会负责解释SQL语句并生成相应的执行计划。
> ● 功能强大:SQL提供了查询、插入、更新和删除数据等功能,并支持复杂的数据分析、聚合及与其他表或查询结果的连接操作。
> ● 灵活性:SQL语句可根据需要进行定制,以满足各种复杂的数据处理需求。用户可通过编写复杂的查询语句来提取和分析数据。
> ● 数据独立性:SQL使应用程序与数据库的结构相对独立。即使数据库的结构发生变化,只要SQL语句的语法正确,应用程序通常无须大量修改。
>
> SQL语言包含多个子句:数据定义语言(DDL)用于定义和管理数据库中的对象(如表、视图、索引等);数据操作语言(DML)用于查询和修改数据;数据控制语言(DCL)用于控制对数据的访问权限。

> 总体来说，SQL是数据库管理领域最重要和最常用的语言之一，它使用户能够高效地与数据库进行交互，实现数据的存储、检索和管理。

ChatGPT的回复完整地描述了SQL的定义及特点，其中涉及的查询、插入、更新、删除等数据库操作专业术语，对初学者而言可能比较陌生，我们将在后续章节详细介绍。

1.6 初学者学习SQL的建议

对于初学者来说，学习SQL是一个系统而有序的过程。以下学习步骤和策略供读者参考。

（1）理解基本概念。

- 了解SQL的定义及其在数据库管理中的作用。
- 了解数据库的基本组成，如表、行、列、索引等。

（2）选择学习资源。

- 在线课程：利用W3Schools、Codecademy、Coursera等平台提供的免费或付费SQL教程。
- 书籍：阅读《SQL基础教程》《SQL必知必会》等适合初学者的书籍。
- 视频教程：在YouTube、bilibili等平台查找生动直观的SQL视频教程。

（3）掌握基础语法。

- 学习SQL的基础语法，如SELECT、FROM、WHERE等关键字的使用。
- 了解查询数据、过滤数据、排序数据等基本操作。

（4）实践练习。

- 通过在线实践平台（如SQLZoo、LeetCode等）进行练习，巩固所学知识。

- 尝试解决实际问题，如从数据库中提取特定信息、对数据进行排序和筛选等。

（5）深入学习高级特性。
- 学习SQL的高级特性，如子查询、连接、窗口函数等。
- 了解如何使用SQL进行数据插入、更新和删除等操作。

（6）参与社区讨论。
- 加入SQL学习社区，与其他学习者交流经验、解决问题。
- 在技术问答社区（如Stack Overflow）参与讨论，提高实践能力。

（7）持续学习与实践。
- SQL领域不断发展，新的特性和技术不断涌现，需要保持持续的学习态度，关注最新的SQL发展动态。
- 在实际项目或工作中积极应用SQL，提高自己的实践能力。

通过以上步骤和策略，初学者可以逐步掌握SQL的基础知识并提高实践能力。学习是一个持续的过程，不断练习和实践是掌握SQL的关键。

1.7 本章小结

本章引导读者了解SQL的发展简史、核心定义，并掌握AI工具在辅助学习中的应用。在这个大数据时代，学习SQL尤为重要。接下来，我们将共同探索如何创建表及进行表的操作，开启SQL的学习之旅。

1.8 过关练习

1. 谈谈你对SQL的理解。

2. 讲一讲 SQL 的定义。

3. 谈一谈你对 DeepSeek 和 ChatGPT 的理解。

第2章 创建和操作表

本章主要讲解创建、更改、删除及重命名表的操作技巧，同时介绍利用AI工具辅助用户进行表操作的方法。

【学习目标】
- 熟练掌握创建、更改、删除、重命名表的语法。
- 掌握利用AI工具快速创建、删除表的技能。

2.1 数据库基础

数据库基础涵盖多个方面，包括数据库的定义、数据库管理系统（DBMS）的作用、数据库的分类，以及数据库表的基本操作等。

2.1.1 数据库

数据库是按照数据结构来组织、存储和管理数据的仓库。作为计算机信息系统的核心和基础，它用于存储各种类型的数据，包括文字、图形、图像、声音等。通过数据库，用户可以方便地对数据进行查询、更新、删除等操作，以满足各种业务需求。学校图书馆可类比为一个数据库，书架上存放的书籍如同数据。通俗来说，数据库就是存放数据的地方。常用的数据库包括MySQL、Oracle、PostgreSQL、SQL Server等。

> **温馨提示：**
> 数据库主要分为以下两大类。
> （1）关系型数据库：如MySQL、Oracle、SQL Server等，它们通过表与表之间、行与列之间的关系进行数据存储。关系型数据库基于坚实的数学理论基础，可以有效存储现实生活中的各种关系数据。

（2）非关系型数据库：如 Redis、MongoDB 等，它们通常用于解决某些特定需求，如高性能数据缓存、高并发访问等。非关系型数据库的数据以对象的形式存储，对象之间的关系通过每个对象自身的属性来决定。

2.1.2 表

表（Table）是关系型数据库中一种二维的数据结构，用于存储具有特定结构和属性的数据。表由行（Row）和列（Column）组成，列定义了数据的类型和属性，行则包含相关数据。表可类比图书馆的书架，表名即书架的名字。

> **说明：**
> 在一个数据库中，表的名称是唯一的，但在不同的数据库中，可以使用相同的表名。

2.1.3 列和数据类型

在数据库中，列是表的组成部分，用于存储相同数据类型的值。每一列都有特定的名称，用于在查询和操作中标识该列。同时，每一列都定义了其存储数据的类型，这决定了该列可以存储的值的种类和范围。列好比书架上存放不同类型的书籍。注意，表中的列名不允许重复。

数据类型（Data Type）用于指定列中数据的种类或格式，通俗来说，就是将数据按类型进行归类。不同的数据库系统提供了多种数据类型以满足各种存储需求。SQL 常见的数据类型，如表 2-1 所示。

表 2-1 SQL 常见的数据类型

数据类型	说明
INT	整数类型，用于存储整数
SMALLINT	小整数类型，用于存储较小范围的整数
TINYINT	极小整数类型，用于存储非常小的整数
BIGINT	大整数类型，用于存储大范围的整数

续表

数据类型	说明
DECIMAL(p, s)	定点数类型,用于存储精确的数值,p表示总位数,s表示小数位数
FLOAT(p) 或 REAL	单精度浮点数类型,用于存储浮点数值,p表示精度位数
CHAR(n)	定长字符串类型,用于存储固定长度的字符串,n表示字符串的长度
VARCHAR(n)	变长字符串类型,用于存储可变长度的字符串,n表示字符串的最大长度
TEXT	长文本类型,用于存储大量的文本数据
DATE	日期类型,用于存储日期值(年-月-日)
TIME	时间类型,用于存储时间值(时:分:秒)
DATETIME 或 TIMESTAMP	日期和时间类型,用于存储日期和时间值(年-月-日 时:分:秒)

2.1.4 行

在数据库中,行是表中水平方向的数据单元,通常也被称为记录(Record)。每一行代表一个单独的数据实体或对象,包含与表中各列对应的数据值。可类比书架上的某一层,存放着具体的书籍(数据)。行是表中存储具体数据的地方,每一行都包含表中所定义的所有列的值。

2.1.5 主键

主键(Primary Key)是数据库表中一个或多个字段的组合,用于唯一地标识表中的每条记录。它保证了表中数据的唯一性,使每一条记录都可以被准确地识别和定位。主键的主要作用如下。

(1)唯一性:主键的值必须是唯一的,不允许有重复的值。这确保了表中的每条记录都有唯一的标识符。

（2）非空性：主键字段的值不能为空（NULL）。这是因为主键用于唯一标识记录，如果允许主键字段的值为空，则无法确保数据的唯一性。

（3）查询性能：数据库系统通常会为主键字段自动建立索引，以加快基于主键的查询速度。

（4）关系完整性：在关系型数据库中，主键还可用于建立表之间的关系，如外键约束。这有助于维护数据之间的引用完整性。

（5）主键构成：主键既可以是单个字段，也可以是多个字段的组合（称为复合主键或联合主键）。当使用多个字段作为主键时，这些字段的组合值必须是唯一的。

> **温馨提示：**
> ● 一个表只能有一个主键约束，但可以有多个唯一约束和索引，以支持其他查询和数据完整性需求。
> ● 虽然主键确保了数据的唯一性，但这并不意味着它必须包含有意义的业务信息。在实际应用中，有时会使用无业务含义的自增整数作为主键，而将有意义的信息存储在其他字段中。

2.2 创建表

学习了前面的基本概念后，我们将进入实践环节，在数据库中创建表。

2.2.1 创建表的方法

创建表通常有两种方法：第一种是使用 SQL 语句创建表；第二种是借助数据库管理工具，如 Navicat、SQLyog、phpMyAdmin 等，利用图形化的工具创建表。

本书主要介绍第一种方法，即使用 SQL 语句创建表。

```
语法：CREATE TABLE 表名 (
    列名1   数据类型,
    列名2   数据类型,
```

```
    列名3  数据类型,
    ……
);
```

> 说明：
> - 在 CREATE TABLE 关键字后紧跟表名，二者之间需有空格。
> - 每列的定义包含列名和数据类型，二者之间需有空格。
> - 列定义之间用逗号分隔。
> - 所有列定义都包含在圆括号内。
> - 整个 SQL 语句以分号结尾。

【示例2-1】创建产品表（Products）。

Products 表的结构，如表2-2所示。

表2-2 Products表的结构

列名	数据类型	描述
id	INT AUTO_INCREMENT	产品的唯一标识符，自动增长
prod_name	VARCHAR(255)	产品名称
description	TEXT	产品描述
category_id	INT	所属分类
price	DECIMAL(10, 2)	产品价格
stock	INT	库存数量
create_at	TIMESTAMP	产品创建时间
update_at	TIMESTAMP	产品更新时间

我们将表结构转化为如下SQL语句。

输入▼

```
CREATE TABLE Products (
  id INT AUTO_INCREMENT PRIMARY KEY,
  prod_name VARCHAR(255),
  description TEXT,
```

```
category_id INT,
price DECIMAL(10, 2),
stock INT,
created_at TIMESTAMP,
updated_at TIMESTAMP
);
```

分析▼

该SQL语句定义了包含8列的表结构,每列具有特定的数据类型和用途。

(1) id列:定义为INT类型的自增整数主键,用于唯一标识每个产品记录,并实现添加新记录时的自动递增。

(2) prod_name列:定义为VARCHAR(255)类型,用于存储最大长度为255个字符的产品名称。

(3) description列:定义为TEXT类型,用于存储较长的文本信息,支持详细描述产品的特点、功能和使用方法。

(4) category_id列:定义为INT类型,用于存储产品所属分类。

(5) price列:定义为DECIMAL(10, 2)类型,确保价格精确到小数点后两位(总位数10位)。

(6) stock列:定义为INT类型,用于记录产品库存数量。

(7) created_at列:定义为TIMESTAMP类型,用于记录产品记录的创建时间。

(8) updated_at列:定义为TIMESTAMP类型,用于记录产品记录的最后更新时间。

> **温馨提示:**
> 在创建新数据库表时,必须确保指定的表名在当前数据库中不存在,否则SQL执行将报错。这是SQL标准的规定,旨在防止意外覆盖已存在的表及其数据。因此,在创建新表之前,需要先检查是否已存在同名表,若该表已存在且需要被替换,则先将其删除,才能创建新表。这样的流程有助于保护数据的完整性和安全性,减少因误操作导致的数据丢失风险。

2.2.2 使用NULL值

NULL值在数据库中是一个特殊的标记,用于表示空值或无值的情况。在关系型数据库中,NULL是一个有效的特殊值,用于表示数据的"缺失"或"未知"。其主要作用如下。

(1)表示缺失数据:如果某列尚未被赋值,那么该列的值即为NULL。这表示该列存在,但尚未赋予具体值。

(2)表示未知数据:当某些数据未知或不可用时,可以使用NULL来表示。

> **温馨提示:**
> NULL不等于0,也不等于空字符串,它是一个特殊的标志位。NULL无法参与常规的比较运算,如等于、大于、小于等。同理,NOT NULL表示非空。

【示例2-2】创建产品表,并将产品表中的产品描述设置为空值,将产品名称、所属分类、产品价格及库存数量设置为非空。

输入▼

```sql
CREATE TABLE Products (
  id INT AUTO_INCREMENT PRIMARY KEY,
  prod_name VARCHAR(255) NOT NULL,
  description TEXT NULL,
  category_id INT NOT NULL,
  price DECIMAL(10, 2) NOT NULL,
  stock INT NOT NULL DEFAULT 0,
  created_at TIMESTAMP,
  updated_at TIMESTAMP
);
```

说明:

在上述示例中,created_at和updated_at列未显式指定NOT NULL约束,表示它们既可以添加空值,也可以添加非空的值。需要注意的是,并非所有的数据库都是这样。在有些数据库中,若数据列没有设置为NULL或NOT NULL,则数据列会默认为NULL值。若不指定关键字,则系统执行时可能会报错。

2.2.3 设置默认值

在SQL中,默认值(Default Value)是在创建或修改表时为某列指定的值。当插入新记录但未为该列提供值时,数据库系统将自动使用此默认值。设置默认值有助于确保数据的完整性和一致性,并减少数据输入错误的风险。默认值在 CREATE TABLE 语句的列定义中使用关键字 DEFAULT 指定。

【示例2-3】创建产品表,设置库存数量默认值为100,产品创建时间默认值为当前时间。

输入▼

```
CREATE TABLE Products (
  id INT AUTO_INCREMENT PRIMARY KEY,
  prod_name VARCHAR(255) NOT NULL,
  description TEXT NULL,
  category_id INT NOT NULL,
  price DECIMAL(10, 2) NOT NULL,
  stock INT NOT NULL DEFAULT 100,
  created_at TIMESTAMP DEFAULT CURRENT_TIMESTAMP,
  updated_at TIMESTAMP
);
```

> **温馨提示:**
> 设置日期时间列的默认值(如CURRENT_TIMESTAMP)时,具体的函数或写法可能因数据库系统而异。上述示例中使用的是MySQL的语法。其他数据库系统(如PostgreSQL、SQL Server、Oracle等)的相应写法,请参

考其官方文档。NULL 也可视为一种特殊的"值"状态。通过 DEFAULT 子句设置的默认值（包括显式设置的 NULL），可以在查询、计算或分组操作中被使用。

2.2.4　实例1：利用AI工具快速创建书籍表

我们已学习了创建表的基础知识，下面介绍如何利用 AI 工具快速创建书籍表。

【实例要求】

创建书籍表（Books），用于存储书籍的基本信息。书籍表（Books）的结构，如表2-3所示。

表2-3　书籍表（Books）的结构

列名	数据类型	描述
id	INT AUTO_INCREMENT	书ID、自增主键
book_name	VARCHAR(255)	书名
author	VARCHAR(255)	作者
publication_date	DATE	出版日期
publisher	VARCHAR(255)	出版社
intro	TEXT	简介

【思路分析】

（1）确定字段：我们需要明确书籍表中应包含的字段。

（2）选择数据类型：我们要为每个字段选择合适的数据类型。例如，书ID可以选择整型并设置为自增主键；书名、作者、出版社可以选择字符串类型；出版日期可以选择日期类型；简介可以选择长文本类型。

（3）设计主键：将 id 列设为唯一主键，用于标识每一本书。

【操作步骤】

下面我们以 DeepSeek 为例，向其提问以快速创建书籍表，并获取参考的 SQL 语句。在操作前，我们需要清晰地描述需求，包括字段名、每个字段的数据类型及约束条件（如自增、唯一等）。

☆提示词：

创建一张书籍表（Books），包含以下字段。

- id（书ID）：需设置为INT类型的自增主键。
- book_name（书名）：需设置为VARCHAR(255)类型，字段不允许为空。
- author（作者）：需设置为VARCHAR(255)类型，字段不允许为空。
- publication_date（出版日期）：需设置为DATE类型。
- publisher（出版社）：需设置为VARCHAR(255)类型，字段不允许为空。
- intro（简介）：需设置为TEXT类型，字段不允许为空。

☆DeepSeek回答：

现在需要帮用户创建名为Books的数据库表。需确保每个字段（id、book_name、author、publication_date、publisher、intro）均按用户要求设置数据类型和约束条件。

（1）id字段：需设置为自增主键。在MySQL中，使用INT AUTO_INCREMENT PRIMARY KEY实现。

（2）非空约束字段：book_name、author、publisher、intro字段均需定义为NOT NULL，确保插入数据时这些关键信息不为空。

（3）数据类型选择：

①book_name、author、publisher使用VARCHAR(255)类型。

②publication_date使用DATE类型，仅存储日期。

③intro使用TEXT类型存储长文本简介。

（4）其他考量：

①用户未提及其他字段或索引需求，暂不添加。

②存储引擎未指定，选用MySQL默认且支持事务的InnoDB引擎(ENGINE=InnoDB)。

③字符集未指定，推荐使用utf8mb4以支持完整Unicode字符（包

括emoji），排序规则可选用utf8mb4_general_ci或utf8mb4_unicode_ci。

构建CREATE TABLE语句，字段顺序应按用户要求排列，每个字段明确数据类型和约束，主键单独声明。特别注意intro TEXT NOT NULL约束不可遗漏。

此外，需严格检查SQL语法：确保逗号、括号、分号使用正确；核对关键词（如VARCHAR、AUTO_INCREMENT）拼写无误；确认主键设置正确。

以下是创建书籍表（Books）的SQL语句。

```
CREATE TABLE Books (
    id INT AUTO_INCREMENT PRIMARY KEY,
    book_name VARCHAR(255) NOT NULL,
    author VARCHAR(255) NOT NULL,
    publication_date DATE,
    publisher VARCHAR(255) NOT NULL,
    intro TEXT NOT NULL
) ENGINE=InnoDB DEFAULT CHARSET=utf8mb4;
```

☆结果说明：

执行上述SQL语句后，将在数据库中创建书籍表（Books），包含书ID、书名、作者、出版日期、出版社和简介6个字段。其中，书ID是主键且自增，确保每本书的ID都是唯一的；书名、作者、出版社和简介字段不能为空，保证每本书都具有这些基本信息；出版日期字段可以为空，因为有些书籍可能没有明确的出版日期。

> **温馨提示：**
> 此SQL语句基于MySQL语法。若使用其他数据库系统（如PostgreSQL、SQLite等），需调整语法以适应特定系统的要求。例如，在PostgreSQL中，需要使用SERIAL类型代替INT AUTO_INCREMENT来实现自增主键。

2.3 更改表

在数据库中,更改表通常指的是修改表的结构,如添加、删除或修改列,更改列的数据类型,修改表的约束,等等。

2.3.1 添加列

要在表中添加一个新列,需使用 ADD 子句。

语法:ALTER TABLE 表名 ADD 列名 数据类型;

【示例2-4】在 Products 表中添加一个名为 Memo 的列,其数据类型设置为 TEXT。

输入▼

```
ALTER TABLE Products ADD Memo TEXT;
```

2.3.2 删除列

要在表中删除一列,需使用 DROP COLUMN 子句。

语法:ALTER TABLE 表名 DROP COLUMN 列名;

【示例2-5】在 Products 表中删除 Memo 列。

输入▼

```
ALTER TABLE Products DROP COLUMN Memo;
```

2.3.3 修改列的数据类型

要修改表中某列的数据类型,通常使用 MODIFY COLUMN 子句。需要注意的是,在 MySQL 中,也可以使用 CHANGE 子句来完成此操作。

语法:ALTER TABLE 表名 MODIFY COLUMN 列名 新数据类型;

或(MySQL 语法)

语法：ALTER TABLE 表名 CHANGE 旧列名 新列名 新数据类型；

【示例2-6】将Products表中的Price列的数据类型修改为FLOAT。

输入▼

ALTER TABLE Products MODIFY COLUMN Price FLOAT;

或（MySQL 中的 CHANGE 语法）

输入▼

ALTER TABLE Products CHANGE Price Price FLOAT;

2.3.4 重命名列

要重命名表中的列，通常需使用 CHANGE 子句。

语法：ALTER TABLE 表名 CHANGE 旧列名 新列名 数据类型；

【示例2-7】将Products 表中的name列重命名为 product_name。

输入▼

ALTER TABLE Products CHANGE name product_name VARCHAR(100);

2.3.5 添加主键或外键约束

（1）给表添加主键约束。

语法：ALTER TABLE 表名 ADD PRIMARY KEY (列名)；

（2）给表添加外键约束。

语法：ALTER TABLE 表名 ADD FOREIGN KEY (列名) REFERENCES 另一张表；

> **温馨提示：**
> 外键主要用于建立两个表之间的关联关系。它指向另一个表的主键，确保数据的一致性和完整性。外键的主要作用如下。

> （1）维护数据一致性：减少数据冗余，提高数据的一致性。
> （2）保持数据完整性：通过外键约束，可以确保引用完整性，即一个表中的外键值必须是另一个表中的主键值，或者为 NULL。

2.3.6　删除主键或外键约束

删除表中的某个约束（如主键或外键），可以使用 DROP 语句配合约束的名称。

（1）删除主键约束。

> **语法**：ALTER TABLE 表名 DROP PRIMARY KEY;

（2）删除外键约束。

> **语法**：ALTER TABLE 表名 DROP FOREIGN KEY 外键约束名;

> **注意**：
> 　　并非所有的数据库系统都支持上述 ALTER TABLE 子句和语法。具体的语法请根据使用的数据库系统（如 MySQL、PostgreSQL、SQL Server 等），查阅官方文档。此外，在执行任何结构更改之前，务必先备份数据库或表，以防止出现意外情况。

2.3.7　重命名表

在数据库中重命名表，不同的数据库系统有不同的语法，但基本思路相同。

（1）在 MySQL 中重命名表。

> **语法**：RENAME TABLE old_table_name TO new_table_name;

（2）在 PostgreSQL 中重命名表。

> **语法**：ALTER TABLE old_table_name RENAME TO new_table_name;

（3）在SQL Server中重命名表。

语法：EXEC sp_rename 'old_table_name', 'new_table_name', 'OBJECT';

在这里，'OBJECT'参数指示要重命名的是表对象。

（4）在Oracle中重命名表。

语法：RENAME old_table_name TO new_table_name;

> **温馨提示：**
> 在执行重命名操作前，应确保以下几点。
> （1）已连接到正确的数据库。
> （2）拥有足够的权限执行重命名表操作。
> （3）新的表名在数据库中是唯一的，且与现有表不冲突。

2.3.8 删除表

删除表的操作不可逆，一旦执行，目标表及其所有数据都将被永久删除。

语法：DROP TABLE 表名;

> **说明：**
> 表名必须紧跟在DROP TABLE后面，中间的空格必不可少，语句必须以英文半角分号结尾。

【示例2-8】删除产品表（Products）。

输入▼

DROP TABLE Products;

分析▼

这条SQL语句将永远删除名为Products的产品表及其所有数据。此操作不可逆，执行后无法撤销。

> 温馨提示：
> 在执行删除操作前，应确保以下几点。
> （1）已连接到正确的数据库。
> （2）拥有足够的权限执行删除表的操作。
> （3）已备份该表中需要保留的所有数据。
> （4）确保该表存在且名称拼写无误。

2.3.9　实例2：利用AI工具删除书籍表

接下来，我们将学习如何利用AI工具删除书籍表（Books）。

【实例要求】

删除书籍表（Books）。

【思路分析】

（1）依赖关系检测：在执行删除表语句之前，先处理依赖关系，避免数据库结构出现问题。

（2）数据备份提醒：在执行删除操作前，根据实际情况备份相关数据。这有助于防止数据丢失，并在必要时能够恢复数据。

【操作步骤】

我们以DeepSeek为例，向其提问以辅助我们删除书籍表。在使用DeepSeek前，我们需要清晰地描述需求。

☆提示词：

请提供删除数据库中的书籍表（Books）的SQL语句及注意事项。

☆DeepSeek回答：

> 在删除书籍表Books之前，必须谨慎考虑执行DROP TABLE命令的风险，因为该操作将永久删除表及其包含的所有数据。在操作前，需要进行如下关键考量。
> （1）权限确认：执行删除操作的用户必须具备足够的数据库权限。
> （2）风险意识：DROP TABLE是一个高风险操作，会导致不可逆

的数据丢失。

（3）需求核实：明确删除该表的原因。当前环境是测试环境还是生产环境？该表是否确实不再需要？

（4）备份准备：强烈建议在执行删除操作前，对表数据进行完整备份，以备可能的恢复需求。

（5）用户水平判断：评估操作者的技术水平。对于经验较少的用户，需特别强调风险，并指导其进行备份或检查相关约束。

（6）表名准确性：仔细核对表名(Books)，确保拼写无误（如Book与Books不同）。注意数据库系统对表名大小写的处理规则可能不同（如MySQL与PostgreSQL的差异），避免因大小写问题导致命令失败或误操作。

（7）数据库兼容性：不同的数据库管理系统的SQL语法可能存在细微差别。例如，为提高命令的健壮性，可在DROP TABLE后添加IF EXISTS子句，以避免因表不存在而报错。用户可能未明确指定数据库类型，提供通用或针对特定数据库的示例会更有帮助。

（8）学习场景考虑：如果用户是在学习SQL操作，应强调此练习的高风险性，并强烈建议仅在测试环境中操作，且务必先进行备份。在支持事务的数据库中，可在事务中测试删除操作。

以下是删除书籍表（Books）的SQL语句。

```
DROP TABLE Books;
```

☆结果说明：

执行上述SQL语句后，数据库中的Books表及其所有数据将被永久删除。

> **温馨提示：**
> 删除表时一定要注意备份数据、检查依赖关系等。在实际应用场景中，删除表是非常谨慎的操作，若不小心误删了表，将会造成不可估量的损失。因此在删除表前一定要做好数据备份。

2.4 本章小结

本章详细介绍了数据库表的创建、更改及删除等核心操作语句的使用。在执行更改表结构或删除表的操作时，务必高度谨慎，并提前做好数据备份工作，以防数据丢失或损坏。同时，借助 AI 工具可以高效地完成表的创建与删除操作，从而提升工作效率并减少出错的可能性。

2.5 过关练习

1. 在数据库中创建一张产品明细表 ProductDetails，包含以下字段。

- product_id：产品的唯一标识符，设置为自增（AUTO_INCREMENT），并且是该表的主键（PRIMARY KEY）。
- product_name：产品名称，不允许为空（NOT NULL），类型为变长字符串（VARCHAR），最大长度为 50 个字符。
- specification：产品的规格型号，类型为变长字符串，允许为空（非必填项）。
- unit：产品的计量单位，类型为变长字符串，最大长度为 50 个字符。
- price：产品的单价，类型为十进制数（DECIMAL），总共 10 位数字，其中小数点后有 2 位数字，不允许为空。
- stock_quantity：库存数量，默认值为 0，表示如果没有明确设置，则默认为没有库存。
- production_date：产品的生产日期，使用日期类型（DATE）。
- shelf_life：产品的保质期，以月为单位，也可以根据实际情况使用其他单位或类型。
- supplier：供应商的名称，类型为变长字符串。

请根据以上要求，写出创建 ProductDetails 表的 SQL 语句。

2. 将 ProductDetails 表中的 product_name 字段的最大长度改为 255。

3. 将 ProductDetails 表重命名为 ProductDetail 表。

4. 删除 ProductDetail 表。

第3章 数据查询与注释

本章主要讲解SELECT语句的基本用法,以及如何利用AI工具快速编写SELECT语句。同时,本章还讲解了在SQL中如何正确注释语句。

【学习目标】
- 熟练掌握SELECT语句的基本语法。
- 学会利用AI工具快速编写SELECT语句。
- 掌握SQL语句的正确注释方法。

3.1 SELECT语句

在SQL中,SELECT语句是用于从数据库表中检索数据的基础命令。本节将详细讲解如何使用SELECT语句查询单列、多列、所有列的数据,如何进行去重查询,以及如何进行分页查询。

3.1.1 查询单列

从数据库表中查询单列数据时,需在SELECT语句中指定目标列名。具体语法如下。

> 语法:SELECT 列名 FROM 表名;

> 说明:
> (1)SELECT关键字与列名之间需用空格隔开。
> (2)列名与FROM关键字之间需用空格隔开。
> (3)FROM关键字后指定要查询的表名。
> (4)切勿使用SQL关键字作为列名,否则执行SQL语句时会报错。因此,

> 在创建表结构时应避免使用关键字作为列名。

【示例3-1】从产品表（Products）中查询产品名称。

输入▼

```
SELECT prod_name FROM Products;
```

分析▼

上述SQL语句用于查询产品表中所有的产品名称，FROM后紧跟产品表，语句以英文半角分号结束。

输出▼

prod_name
小米手机
华为手机
三星手机
苹果手机
vivo手机
谷歌手机

> 注意：
> （1）SQL关键字大小写：SELECT和FROM等SQL关键字本身通常不区分大小写。例如，上述示例中的SQL语句也可写成"select prod_name from Products;"，输出的结果相同。
> （2）结果顺序：示例3-1返回的结果集未指定排序规则，其显示顺序通常与数据库内部存储顺序一致。只要返回的行数正确且内容符合预期，该SQL语句即视为执行正常。

3.1.2 查询多列

从数据库表中查询多列数值时，需在SELECT语句中指定多个列名，列名之间用英文逗号分隔。具体语法如下。

> 语法：SELECT 列名1, 列名2, ..., 列名 n FROM 表名；

> 说明：
> 　　列名之间必须使用英文逗号分隔。数据库严格区分中英文符号，若使用中文逗号，则执行 SQL 语句时将会报错。最后一个列名不需要追加逗号。

【示例3-2】从产品表（Products）中查询产品 ID、产品名称、产品价格及产品描述。

输入▼

SELECT id,prod_name,price,description FROM Products;

分析▼

上述 SQL 语句指定了4个列名，列名之间用英文逗号分隔，语句以英文分号结束。

输出▼

id	prod_name	price	description
1	小米手机	2000.00	中国制造
2	华为手机	5000.00	中国制造
3	三星手机	4000.00	韩国制造
4	苹果手机	5000.00	美国制造
5	vivo手机	2000.00	中国制造
6	谷歌手机	3000.00	美国制造

> 温馨提示：
> 　　【示例3-2】输出的数据通常以原始、未经格式化的形式返回。由于不同数据库管理系统和客户端软件的默认显示方式（如字段对齐、日期格式、小数位数等）可能会不同，因此返回的数据格式并不统一。上述示例中产品价格（price）保留了2位小数，是因为在第2章中创建产品表（Products）时已

将产品价格（price）列的数据类型设置为 decimal(10, 2)。decimal(10, 2) 表示该列数值总精度为 10 位（含小数点），其中小数部分固定占 2 位。因为示例中的产品价格都是整数，所以小数位用 .00 补齐。

3.1.3 查询所有列

查询单列或多列时，需要在 SELECT 后明确列出所需列名。在查询表中的所有列时，若列较少，则可以直接列出所有列名；若表包含数十个列，则操作烦琐。为了简化这一操作，SQL 提供了使用 "*" 通配符来代表查询表中的所有列。

语法：SELECT * FROM 表名；

【示例 3-3】查询产品表（Products）中的所有列。

输入▼

SELECT * FROM Products;

分析▼

上述 SQL 语句将查询产品表中的所有列。

输出▼

id	prod_name	description	category_id	price	stock	create_at	update_at
1	小米手机	中国制造	1	2000.00	30	2024-05-19 17:36:29	2024-05-01 00:09:19
2	华为手机	中国制造	1	5000.00	50	2024-05-19 17:36:55	2024-05-19 17:36:57
3	三星手机	韩国制造	2	4000.00	100	2024-05-19 17:37:22	2024-05-01 00:09:19
4	苹果手机	美国制造	4	5000.00	60	2024-05-19 17:38:35	2024-05-01 00:09:19
5	vivo手机	中国制造	1	2000.00	200	2024-05-01 00:09:19	2024-05-01 00:09:19
6	谷歌手机	美国制造	4	3000.00	20	2024-05-01 00:09:19	2024-05-01 00:09:19

注意：

当表的数据量非常大时，使用 SELECT * 语句会导致一定的性能问题，

> 因为数据库系统需要读取并返回表中的所有列数据。因此，在实际业务中，建议仅查询业务所需的列，避免全字段查询以提高查询速度。

3.1.4 去重查询

在 SQL 中，去重查询是指从数据库表中检索数据时只返回唯一、不重复的数据行。实现去重查询可使用 DISTINCT 关键字。

> **语法**：SELECT DISTINCT 列名1,列名2,…,列名n FROM 表名;

> **说明**：
> DISTINCT 关键字作用于 SELECT 子句指定的一个或多个列。当作用于单列时，返回该列所有不重复的值；当作用于多列时，返回这些列组合值不重复的所有行。DISTINCT 必须置于列名前，且一条 SQL 语句中只能有一个 DISTINCT 关键字。

【示例3-4】查询产品表（Products）中的产品描述。

输入▼

```
SELECT description FROM Products;
```

输出▼

```
description
----------
中国制造
中国制造
韩国制造
美国制造
中国制造
美国制造
```

该查询返回6条结果（与产品表数据量一致）。如需去除重复值，可使用 DISTINCT 关键字。

【示例3-5】查询产品表（Products）中不重复的产品描述。

输入▼

```
SELECT DISTINCT description FROM Products;
```

分析▼

相比【示例3-4】，此语句添加了DISTINCT关键字，它会将产品表中相同的产品描述过滤掉。

输出▼

```
description
-----------
中国制造
韩国制造
美国制造
```

3.1.5 分页查询

在数据库应用中，要查询表中的指定行数据，需要使用数据库的分页查询功能。不同数据库的分页查询语法各不相同。下面我们来介绍主流数据库的实现方式。

1. MySQL

语法：SELECT * FROM 表名 LIMIT 开始记录数,每页条数;

说明：
（1）起始行索引从0开始（0表示第一行，1表示第二行）。
（2）"每页条数"参数指定返回的记录数量。

【示例3-6】查询产品表（Products）中前4行的数据。

输入▼

```
SELECT * FROM Products LIMIT 0,4;
```

输出▼

id	name	description	category_id	price	stock	create_at	update_at
1	小米手机	中国制造	1	2000.00	30	2024-05-19 17:36:29	2024-05-19 17:36:32
2	华为手机	中国制造	1	5000.00	50	2024-05-19 17:36:55	2024-05-19 17:36:57
3	三星手机	韩国制造	2	4000.00	100	2024-05-19 17:37:22	2024-05-19 17:37:37
4	苹果手机	美国制造	4	5000.00	60	2024-05-19 17:38:35	2024-05-19 17:38:37

> 温馨提示：
> 【示例3-6】中的SQL语句也可写成"SELECT * FROM Products LIMIT 4;"输出的结果相同，因为MySQL默认的"开始记录"为0，所以开始记录数可以默认不写。

2. Oracle

语法：SELECT * FROM 表名 ROWNUM <= 每页条数;

> 说明：
> ROWNUM是Oracle中的一个伪列，用于表示查询结果集中行的顺序。它可以从1开始为每一行分配一个唯一的数字。

【示例3-6】在Oracle数据库中查询前4行数据可用如下写法（输出结果与在MySQL中输出结果一致）。

输入▼

```
SELECT * FROM Products  ROWNUM <=4;
```

3.1.6 实例3：利用AI工具快速编写SELECT语句

我们已经学习了基本的SELECT查询语句，接下来介绍如何利用AI工具快速生成SELECT查询语句。

【实例要求】

现有一张书籍表（Books），其中包含书籍相关信息的基本字段：书名（book_name）、作者（author）、出版日期（publication_date）、出版社（publisher）、简介（intor）。请利用AI工具快速编写SELECT语句。

【思路分析】

（1）确定查询目标：明确我们需要查询字段的信息。

（2）设置筛选条件：根据实例要求，我们需查询书籍表中的所有记录。

（3）构建SQL语句：基于上述分析，构建相应的SELECT语句。

【操作步骤】

我们以ChatGPT为例，向其提问以快速编写SELECT查询语句。在使用ChatGPT前，我们需要清晰地描述需求。

☆提示词：

现有一张书籍表（Books），字段包含书名（book_name）、作者（author）、出版日期（publication_date）、出版社（publisher）、简介（intor）。请编写一条SQL语句查询书名和作者。

☆ChatGPT回答：

> 要查询书籍表（Books）中的书名（book_name）和作者（author），可使用以下SQL语句。
>
> SELECT book_name, author FROM Books;
>
> 这条SQL语句选择了book_name和author两个字段，从Books表中检索数据。执行上述语句后将返回包含所有书名和作者信息的结果集。

若需查询书籍表的所有信息，我们可以继续向ChatGPT提问。

☆提示词：

编写查询书籍表中所有信息的SQL语句。

☆ ChatGPT 回答：

当需要查询书籍表（Books）中的所有数据时，可使用 SELECT * 来选择所有字段。以下是相应的 SQL 查询语句。

SELECT * FROM Books;

这条 SQL 语句检索 Books 表中的所有字段和记录，并返回结果集。若需查看表结构而非数据，可使用 DESCRIBE（在 MySQL 中）或 SP_HELP（在 SQL Server 中）等命令，具体取决于使用的数据库系统。

注意：

在实际应用中，需要根据具体的数据库表结构和字段名来调整查询语句。对于数据量大的表，SELECT * 查询可能耗时较长，可以考虑使用索引来优化查询性能。

若需查询书籍表（Books）中前 3 行信息，我们可以继续向 ChatGPT 提问。

☆ 提示词：

编写查询书籍表（Books）中前 3 行信息的 SQL 语句。

☆ ChatGPT 回答：

查询书籍表（Books）中前 3 行数据，可使用 LIMIT 子句（在 MySQL、PostgreSQL、SQLite 等数据库中）或 TOP 子句（在 SQL Server 中）来实现。以下是两种常见数据库的查询语句。

（1）适用 LIMIT 子句的数据库（如 MySQL、PostgreSQL、SQLite 等）。

SELECT * FROM Books LIMIT 3;

（2）适用 TOP 子句的数据库（如 SQL Server）。

SELECT TOP 3 * FROM Books;

> 这些语句都会检索Books表的前3行数据。
> 请注意，不同的数据库系统可能使用不同的语法来限制返回的行数，其中LIMIT和TOP是最常见的两种。

☆结果说明：

上述实例通过连续三次向ChatGPT提问获得了所需的SQL语句。在数据库中执行这些语句将返回相应结果。若执行后未返回任何数据，则表明数据表中当前没有存储记录。

3.2 注释

在编写了大量SQL语句后，对于复杂的SQL语句，我们需要为其添加注释。注释是给SQL添加说明性文字，数据库执行SQL时不会运行注释内容。注释可用于解释代码或临时禁用部分代码，对于提高代码的可读性和维护性至关重要。SQL 主要支持两种注释风格：单行注释和多行注释。注释主要有以下用途。

（1）提高代码可读性。注释可以解释SQL代码的目的、逻辑、使用的策略或假设，使其他开发者更容易理解代码的工作原理。

（2）说明复杂逻辑。当SQL查询包含复杂的逻辑（如嵌套子查询、窗口函数、条件逻辑等）时，注释可以解释其工作原理和预期结果。

（3）记录业务规则。通过注释，可以清楚地记录查询实现的业务逻辑或规则，以便他人理解特定查询的编写依据。

（4）临时禁用代码。在开发或调试过程中，通过使用单行或多行注释将代码行标记为注释，可以临时禁用它们而无须删除代码。

3.2.1 单行注释

单行注释以两个连续的连字符（--）开始，并持续到该行的末尾。在 -- 之后的所有内容都将被视为注释，并且不会被数据库执行。

【示例3-7】使用单行注释查询产品表的SQL语句。

输入▼

```
-- 这是一个单行注释
SELECT * FROM Products; -- 这也是一个单行注释
```

分析▼

我们可以看到,注释既可以单独占一行,也可以写在SQL语句的后面。上述示例中的SQL语句将被执行,而注释部分则会被忽略。

> **温馨提示:**
> 在MySQL数据库系统中,也支持使用#字符进行单行注释。【示例3-7】在这些数据库中可以有如下写法。

```
#这是一个单行注释
SELECT * FROM Products; #这也是一个单行注释
```

【示例3-8】将【示例3-7】中的SQL语句注释掉。

```
-- SELECT * FROM Products;
```

分析▼

为SQL语句添加单行注释后,该语句在数据库中不会被执行。

> **注意:**
> 在使用--注释符时,--和SQL语句之间要用空格隔开。若省略空格在某些情况下可能导致注释失败或语句报错。在使用#注释符时,可以不用空格隔开SQL语句。

3.2.2 多行注释

多行注释以 /* 开始,并以 */ 结束。在这两个标记之间的所有内容都将被视为注释。

【示例3-9】使用多行注释查询产品表的SQL语句。

输入▼

```
/*
这是一个多行注释。
它可以跨越多行，
常用来解释更复杂的 SQL 语句或代码块。
*/
SELECT * FROM Products;
```

3.3 本章小结

本章深入讲解了 SELECT 语句及其注释的基本用法，旨在帮助读者熟练掌握这些关键知识点，为后续章节的学习打下坚实的基础。此外，本章还介绍了如何借助 AI 工具高效地编写 SQL 语句，从而提升开发效率。

3.4 过关练习

1. 编写 SQL 语句，从 Users 表中查询出所有数据。

2. 编写 SQL 语句，从 User 表中查询出前 3 条数据。

3. 使用单行注释的方式，分别注释掉你在练习 1 和练习 2 中编写的 SQL 语句，看系统是否还会执行。

第4章　条件查询

本章将详细讲解数据库中的条件查询技术，内容涵盖WHERE语句的基本使用，包括使用比较运算符比较字段值、使用逻辑运算符组合多个条件、应用LIKE运算符与通配符实现模糊匹配、使用IN运算符匹配多个可能值、使用BETWEEN运算符筛选范围值，以及使用IS NULL和IS NOT NULL检查空值等。掌握这些强大的查询条件，有助于精准地从数据库中检索数据，提升数据处理效率和准确性。

【学习目标】
- 熟练掌握数据库中的比较运算符和逻辑运算符。
- 熟练掌握LIKE运算符与通配符、IN运算符、BETWEEN运算符。
- 学会利用AI工具快速编写条件查询相关的SQL语句。

4.1　认识WHERE语句

在上一章中，我们学习了如何使用SELECT语句从数据库中检索数据。然而，在实际业务场景中，通常不需要检索整张表的所有数据，而只需筛选出对业务有用的特定数据即可。为了实现这一目的，需要引入WHERE语句。需要注意的是，WHERE语句并非一个独立的命令，它通常与SELECT、UPDATE或DELETE等语句结合使用，以便在查询、更新或删除数据时添加筛选条件。接下来，我们将详细介绍WHERE语句的用法，以及如何利用它进行精确的数据筛选。

> 语法：SELECT 列名1, 列名2, ..., 列名 *n* FROM 表名 WHERE 条件;

> **说明：**
> WHERE语句必须与条件表达式一同使用。条件表达式可包括比较运算符、逻辑运算符、LIKE运算符及其通配符等。这些元素可以单独或组合使用，以实现精确的数据过滤。

> **温馨提示：**
> 本章重点讲解WHERE语句与SELECT语句的结合使用。UPDATE和DELETE语句的相关内容将在后续章节详细阐述。

4.2 比较运算符

比较运算符用于在SQL查询中比较两个表达式的值。比较运算符会评估操作数（表达式）之间的关系，并返回相应的布尔值（TRUE、FALSE）或NULL。在编写SQL语句时，这些运算符与WHERE子句结合使用，可指定条件筛选数据库中的记录。SQL常用的比较运算符，如表4-1所示。

表4-1 SQL常用的比较运算符

运算符	名称	作用
=	等于运算符	判断两个值、字符串或表达式是否相等
>	大于运算符	判断左边的值、字符串或表达式是否大于右边的值、字符串或表达式
<	小于运算符	判断左边的值、字符串或表达式是否小于右边的值、字符串或表达式
<>	不等于运算符	判断两个值、字符串或表达式是否不相等
!=	不等于运算符	判断两个值、字符串或表达式是否不相等
<=	小于等于运算符	判断左边的值、字符串或表达式是否小于等于右边的值、字符串或表达式
>=	大于等于运算符	判断左边的值、字符串或表达式是否大于等于右边的值、字符串或表达式

4.2.1 等于运算符

等于运算符（=）用于判断等号两边的值、字符串或表达式是否相等。若相等则返回TRUE，否则返回FALSE。

【示例4-1】查询产品表（Products）中的华为手机。

输入▼

```
SELECT * FROM Products WHERE prod_name = '华为手机';
```

分析▼

上述SQL语句查询了产品名称为"华为手机"的产品信息。

输出▼

id	prod_name	description	category_id	price	stock	create_at	update_at
2	华为手机	中国制造	1	5000.00	50	2024-05-19 17:36:55	2024-05-19 17:36:57

> **注意：**
> 在【示例4-1】中，筛选条件是字符串，必须使用单引号（'），若写成"SELECT * FROM Products WHERE prod_name = 华为手机;"，在执行该语句时会报语法错误。
> 在使用等号运算符时需遵循以下规则。
> （1）若等号两边的值都为字符串，数据库会按照字符串进行比较，通常基于字符的ANSI编码或排序规则判断是否相等。
> （2）若等号两边的值都是数值，数据库会直接比较数值的大小。
> （3）若等号一边是数值，另一边是字符串，数据库通常会将字符串转化为数值再进行比较。
> （4）若等号两边的值、字符串或表达式中有一边为NULL，则比较结果为NULL。

4.2.2 大于运算符

大于运算符（>）用于判断左边表达式的值是否大于右边表达式的值。若为真则返回 TRUE，否则返回 FALSE。

【示例4-2】查询产品表（Products）中价格超过3000元的手机。

输入▼

```
SELECT * FROM Products WHERE price > 3000;
```

输出▼

id	prod_name	description	category_id	price	stock	create_at	update_at
----	--------	--------	--------	------	----	---------	---------
2	华为手机	中国制造	1	5000.00	50	2024-05-19 17:36:55	2024-05-19 17:36:57
3	三星手机	韩国制造	2	4000.00	100	2024-05-19 17:37:22	2024-05-19 17:37:37
4	苹果手机	美国制造	4	5000.00	60	2024-05-19 17:38:35	2024-05-19 17:38:37

> **注意：**
> 若将上述SQL语句写成"SELECT * FROM Products WHERE price > '三千';"，执行该SQL语句将会发生语法错误。因为price列的数据类型为数值类型（DECIMAL），不能直接与字符串进行比较。

4.2.3 不等于运算符

不等于运算符（!=或<>）用于判断两边的数字、字符串或表达式的值是否不相等。若不相等则返回TRUE，若相等则返回FALSE。不等于运算符无法有效筛选出包含NULL的记录。

【示例4-3】查询产品表（Products）中描述（description）不是"中国制造"的手机。

输入▼

```
SELECT * FROM Products WHERE description != '中国制造';
```

分析▼

要从数据库中筛选出描述不是"中国制造"的手机,需要使用不等于运算符(!=)。

输出▼

id	prod_name	description	category_id	price	stock	create_at	update_at
3	三星手机	韩国制造	2	4000.00	100	2024-05-19 17:37:22	2024-05-19 17:37:37
4	苹果手机	美国制造	4	5000.00	60	2024-05-19 17:38:35	2024-05-19 17:38:37
6	谷歌手机	美国制造	4	3000.00	20	2024-05-07 00:10:21	2024-05-23 00:10:26

> **温馨提示:**
> !=运算符与<>运算符功能相同,均表示"不等于"。多数数据库系统同时支持这两种方式。在【示例4-3】中,SQL语句也可写成"SELECT * FROM Products WHERE description <> '中国制造';"输出结果相同。

4.2.4 实例4:利用AI工具快速编写比较运算符相关的SQL语句

在学习了数据库的比较运算符后,接下来详细介绍如何利用AI工具快速编写SQL语句。

【实例要求】

现有一张名为students的数据库表,包含id、name、score字段。我们需要使用SQL查询比较学生的分数,找出满足特定条件的学生记录。

【思路分析】

在数据库中,比较运算符用于比较两个值的大小、相等或不等关系。常见的比较运算符包括=、<>(或!=)、<、<=、>、>=。

在本实例中,我们将使用比较运算符筛选分数在特定范围内等于或不等于某值的学生。

【操作步骤】

我们以DeepSeek为例,向其提问以快速编写SQL语句。在使用

DeepSeek之前，我们需要清晰地描述需求。

☆提示词：

现有一张名为students的数据库表，包含id、name、score字段，请帮我们查询分数大于60且小于90的所有学生。

☆DeepSeek回答：

> 查询分数大于60且小于90的所有学生。
>
> 首先，确认表是否正确。表名为students，字段包括id、name、score。
>
> 其次，用户的需求是分数大于60且小于90。在SQL中实现此类范围查询通常有两种方式：BETWEEN AND 或组合使用>和<。不过，BETWEEN包含边界值，如果用户想要排除60和90，应该使用 score > 60 AND score < 90。
>
> 最后，要考虑数据库的兼容性。例如，不同的数据库对大小写是否敏感，或者是否有其他限制。因用户未指定具体的数据库系统，>和<运算符是SQL标准运算符，在主流数据库中通用。
>
> 以下是查询分数大于60且小于90的所有学生的SQL语句。
>
> ```
> SELECT id, name, score
> FROM students
> WHERE score > 60 AND score < 90;
> ```

如果要查询分数等于80的学生，我们可以继续向DeepSeek提问。

☆提示词：

查询分数等于80的学生。

☆DeepSeek回答：

> 查询分数等于80的学生。此查询可视为对前述范围查询的细化，用于查找特定分数值的学生。确认表仍为students，包含id、name、score字段。

以下是查询分数等于80的学生的SQL语句。

```
SELECT id, name, score
FROM students
WHERE score = 80;
```

执行上述SQL语句将返回所有分数为80的学生的id、name和score字段值。若存在多个学生的分数为80，则这些学生的信息都会被返回。

☆提示词：

查询分数不等于60的学生。

☆DeepSeek回答：

查询分数不等于60的学生。此需求涉及"不等于"特定值的查询。确认表仍为students。实现"不等于"查询，通常使用<>或!=运算符。两者在多数主流数据库（如MySQL、PostgreSQL、SQL Server）中功能相同。

需注意以下几点。

（1）<>是SQL标准运算符。

（2）!=功能等同于<>，被多数主流数据库（如MySQL、PostgreSQL、SQL Server）广泛支持。

（3）NULL值处理：查询结果不包含score为NULL的学生记录。因为NULL与任何值（包括60）的比较结果均为NULL（未知），WHERE子句仅返回条件为TRUE的记录。筛选NULL值需使用IS NULL或IS NOT NULL。

以下是查询分数不等于60的学生的SQL语句。

```
SELECT id, name, score
FROM students
WHERE score <> 60;
```

或

SELECT id, name, score
FROM students
WHERE score != 60;

注意，需要考虑不同数据库系统的兼容性。例如，不同的数据库（如MySQL、PostgreSQL、SQL Server）对NULL的处理规则略有不同，但基本逻辑一致。上述SQL语句在主流数据库中均可正确运行。

☆结果说明：

第一个查询：返回students表中所有分数大于60且小于90的学生记录。

第二个查询：返回students表中所有分数等于80的学生记录。

第三个查询：返回students表中所有分数不等于60的学生记录（不包含NULL值）。

通过以上查询实例，清晰地展示了比较运算符在SQL条件查询中的实际应用。在实际工作中，根据具体需求选择合适的比较运算符，可高效、精准地从数据库提取所需数据。

4.3 逻辑运算符

逻辑运算符主要用于判断表达式的真假。在数据库中，逻辑运算符的返回结果为TRUE、FALSE或NULL。本节主要讲解以下常见的逻辑运算符：AND、OR、NOT。

4.3.1 AND运算符

在数据库中，AND运算符用于连接两个或多个条件表达式，要求所有连接的条件同时成立（返回真）。AND运算符通常与WHERE子句结合使用，用于精确筛选满足所有指定条件的记录。

语法：SELECT 列名1, 列名2, ..., 列名n FROM 表名 WHERE 条件 AND 条件1 AND 条件2 ……AND 条件n;

> **温馨提示：**
> 在SQL语句中，仅当AND连接的所有条件表达式均为真时，整个连接条件才为真。若其中任一条件表达式为假，则整个连接条件为假。在使用AND运算符时，需确保条件的逻辑关系和顺序正确地表达了查询条件。

【示例4-4】 查询产品表（Products）中描述（description）为"中国制造"且价格（price）为2000元的手机。

输入▼

SELECT * FROM Products WHERE description = '中国制造' AND price = 2000;

分析▼

本查询需同时满足"中国制造"和"价格为2000元"两个条件，因此需要使用AND运算符连接，仅当产品记录同时满足这两个条件时才返回结果。

输出▼

id	prod_name	description	category_id	price	stock	create_at	update_at
----	---------	----------	----------	-------	----	----------	----------
1	小米手机	中国制造	1	2000.00	30	2024-05-19 17:36:29	2024-05-19 17:36:32
5	vivo手机	中国制造	1	2000.00	200	2024-05-01 00:09:19	2024-05-07 00:09:23

4.3.2　OR运算符

在数据库中，OR运算符用于连接两个或多个条件表达式。只要这些条件中的至少一个为真，整个组合条件即返回真。仅当所有连接的条件表达式均为假时，整个组合条件才返回假。OR运算符主要用于SELECT语句的WHERE子句中，根据多个条件中的任意一个来过滤记录。

语法：SELECT 列名1, 列名2, ..., 列名n FROM 表名 WHERE 条件 OR 条件1

…… OR 条件*n*;

> **温馨提示：**
> 使用OR运算符时，需确保逻辑清晰，必要时使用括号明确指定运算优先级。

【示例4-5】查询产品表（Products）中描述（description）为"中国制造"或"美国制造"的手机。

输入▼

SELECT * FROM Products WHERE description = '中国制造' OR description = '美国制造';

分析▼

查询目标是满足"中国制造"或"美国制造"任一条件的手机，使用OR运算符连接，只要满足其中一个条件就能返回结果。

输出▼

id	prod_name	description	category_id	price	stock	create_at	update_at
----	------	----------	----------	-------	----	----------	----------
1	小米手机	中国制造	1	2000.00	30	2024-05-19 17:36:29	2024-05-19 17:36:32
2	华为手机	中国制造	1	5000.00	50	2024-05-19 17:36:55	2024-05-19 17:36:57
4	苹果手机	美国制造	4	5000.00	60	2024-05-19 17:38:35	2024-05-19 17:38:37
5	vivo手机	中国制造	1	2000.00	200	2024-05-01 00:09:19	2024-05-07 00:09:23
6	谷歌手机	美国制造	4	3000.00	20	2024-05-07 00:10:21	2024-05-23 00:10:26

4.3.3 AND和OR结合使用

AND和OR运算符可以结合使用以构建复杂的查询条件。需要注意运算符的优先级，在默认情况下，AND运算符的优先级高于OR运算符，可以通过使用括号来改变运算顺序并明确表达逻辑意图。在构建复杂的查询条件时，使用括号可以清晰地表达条件组合和优先级，避免出现逻辑错误。

【示例4-6】查询产品表（Products）中描述（description）为"中国制造"或"美国制造"且价格大于3000元的手机。

（1）错误写法（未考虑优先级）。

输入▼

```
SELECT * FROM Products WHERE description = '中国制造' OR description = '美国制造' AND price > 3000;
```

分析▼

由于AND优先级高于OR，此语句的实际逻辑是：查询所有"中国制造"的手机或者"美国制造且价格大于3000元"的手机。这导致结果包含了不符合要求（价格<=3000元）的"中国制造"手机（如ID为1和5的记录）。

输出▼

id	prod_name	description	category_id	price	stock	create_at	update_at
1	小米手机	中国制造	1	2000.00	30	2024-05-19 17:36:29	2024-05-19 17:36:32
2	华为手机	中国制造	1	5000.00	50	2024-05-19 17:36:55	2024-05-19 17:36:57
4	苹果手机	美国制造	4	5000.00	60	2024-05-19 17:38:35	2024-05-19 17:38:37
5	vivo手机	中国制造	1	2000.00	200	2024-05-01 00:09:19	2024-05-07 00:09:23

（2）正确写法（使用括号明确优先级）。

输入▼

```
SELECT * FROM Products WHERE (description = '中国制造' OR description = '美国制造') AND price > 3000;
```

分析▼

使用括号将OR条件括起来，确保先计算"中国制造"或"美国制造"，再将结果与price > 3000进行AND运算。这符合题目要求，即先筛选产地，再筛选价格。

输出▼

id	prod_name	description	category_id	price	stock	create_at	update_at
----	------	----------	----------	-------	----	----------	----------
2	华为手机	中国制造	1	5000.00	50	2024-05-19 17:36:55	2024-05-19 17:36:57
4	苹果手机	美国制造	4	5000.00	60	2024-05-19 17:38:35	2024-05-19 17:38:37

4.3.4　NOT运算符

在数据库查询中，NOT运算符用于否定一个条件表达式。它经常与其他条件运算符（如=、<、>、<=、>=、<>或!=、LIKE、IN等）结合使用，用于筛选不满足指定条件的记录。大多数数据库管理系统允许使用NOT运算符否定任何表达式。

【示例4-7】查询产品表（Products）中价格（price）不等于5000元的手机。

输入▼

```
SELECT * FROM Products WHERE NOT price = 5000;
```

分析▼

使用NOT运算符查询出价格不等于5000元的手机记录。

输出▼

id	prod_name	description	category_id	price	stock	create_at	update_at
----	------	----------	----------	-------	----	----------	----------
1	小米手机	中国制造	1	2000.00	30	2024-05-19 17:36:29	2024-05-19 17:36:32
3	三星手机	韩国制造	2	4000.00	100	2024-05-19 17:37:22	2024-05-19 17:37:37
5	vivo手机	中国制造	1	2000.00	200	2024-05-01 00:09:19	2024-05-07 00:09:23
6	谷歌手机	美国制造	4	3000.00	20	2024-05-07 00:10:21	2024-05-23 00:10:26

> **温馨提示：**
>
> 【示例4-7】中的查询可以使用不等于运算符<>或!=等价实现，SQL语句如下。
>
> SELECT * FROM Products WHERE price <> 5000;
>
> 或
>
> SELECT * FROM Products WHERE price != 5000;
>
> 执行上述任一语句所返回的结果集与【示例4-7】完全相同。SQL语法较为灵活，同一查询需求往往存在多种实现方式，读者可根据实际情况选择逻辑最清晰或最符合习惯的写法。

4.4　LIKE 运算符与通配符

在数据库中，LIKE 运算符是SQL标准的一部分，主要用于在WHERE 子句中进行字符串模式匹配。当与通配符结合使用时，LIKE 运算符能够搜索出符合特定模式的字符串。在进行模糊搜索时，LIKE运算符是必不可少的工具。SQL中常见的通配符有3种：%、_、[]。下面我们将逐一介绍这些通配符。

4.4.1　%通配符

%通配符可用于匹配任意长度的字符串。它可以查询到字符串出现的任意位置，需与LIKE运算符配合使用。下面通过示例具体说明其用法。

1. 匹配以特定字符串开头的值

【示例4-8】查询产品表（Products）中产品名称（prod_name）以"小米"开头的产品。

输入▼

SELECT * FROM Products WHERE prod_name LIKE '小米%';

分析▼

若要匹配产品表（Products）中以"小米"开头的产品名称，我们需要把"小米"与%通配符进行匹配，并加上英文单引号。

输出▼

id	prod_name	description	category_id	price	stock	create_at	update_at
1	小米手机	中国制造	1	2000.00	30	2024-05-19 17:36:29	2024-05-19 17:36:32

2. 匹配以特定字符串结尾的值

%通配符可以加在字符串的前面，去匹配字符串结尾的值。

【示例4-9】查询产品表（Products）中产品名称（prod_name）以"小米"结尾的产品。

输入▼

```
SELECT * FROM Products WHERE prod_name LIKE '%小米';
```

分析▼

若要匹配产品表（Products）中以"小米"结尾的产品名称，我们需要把"小米"与%通配符进行匹配，并加上英文单引号。因为数据库中不存在以"小米"结尾的数据，所以执行上述SQL语句将查询不到任何结果。

3. 匹配包含特定字符串的值

%通配符既可以加在字符串的前面和后面，还可以匹配包含特定字符串的值。

【示例4-10】查询产品表（Products）中产品名称（prod_name）包含"手机"的所有产品。

输入▼

```
SELECT * FROM Products WHERE prod_name LIKE '%手机%';
```

分析▼

若模糊查询产品表（Products）中产品名称（prod_name）中包含"手机"的数据，我们可以用两个%通配符把要搜索的字符连接起来，并加上英文单引号。

输出▼

id	prod_name	description	category_id	price	stock	create_at	update_at
1	小米手机	中国制造	1	2000.00	30	2024-05-19 17:36:29	2024-05-19 17:36:32
2	华为手机	中国制造	1	5000.00	50	2024-05-19 17:36:55	2024-05-19 17:36:57
3	三星手机	韩国制造	2	4000.00	100	2024-05-19 17:37:22	2024-05-19 17:37:37
4	苹果手机	美国制造	4	5000.00	60	2024-05-19 17:38:35	2024-05-19 17:38:37
5	vivo手机	中国制造	1	2000.00	200	2024-05-01 00:09:19	2024-05-07 00:09:23
6	谷歌手机	美国制造	4	3000.00	20	2024-05-07 00:10:21	2024-05-23 00:10:26

4. 匹配以特定字符串开头和结尾的值

%通配符还可用于匹配字符串的中间部分，实现更灵活的模式指定。

【示例4-11】查询产品表（Products）中产品名称（prod_name）以"华"开头、以"机"结尾的产品。

```
SELECT * FROM Products WHERE prod_name LIKE '华%机';
```

分析▼

%通配符可以匹配多个字符，此处将"华为手机"这条数据查询出来。

输出▼

id	prod_name	description	category_id	price	stock	create_at	update_at
2	华为手机	中国制造	1	5000.00	50	2024-05-19 17:36:55	2024-05-19 17:36:57

温馨提示：

使用%通配符时需要注意以下两点。

（1）尾部空格问题：尾部的空格可能会干扰%通配符的匹配。因此，在构建查询字符串时，应避免不必要的尾部空格。

（2）大小写敏感性问题：LIKE 运算符和 % 通配符的匹配是否区分大小写取决于数据库的配置和所使用的字符集。在某些数据库或配置中，可能需要使用特定的函数或设置来进行不区分大小写的匹配。

4.4.2 _通配符

在数据库中，_（下画线）通配符用于精确匹配任意单个字符。它通常需要与LIKE运算符结合使用。

注意：
并非所有的数据库都支持_通配符，如DB2数据库就不支持。

【示例4-12】查询产品表（Products）中产品名称（prod_name）以"为手机"结尾的产品。

输入▼

SELECT * FROM Products WHERE prod_name LIKE '_为手机';

分析▼

此查询使用一个_通配符匹配产品名称的第一个字符（任意字符），匹配规则要求产品名称必须以"为手机"结尾。

输出▼

id	prod_name	description	category_id	price	stock	create_at	update_at
----	------	--------	--------	-------	----	--------	--------
2	华为手机	中国制造	1	5000.00	50	2024-05-19 17:36:55	2024-05-19 17:36:57

【示例4-13】查询产品表（Products）中产品名称（prod_name）以"手机"结尾的产品。

输入▼

SELECT * FROM Products WHERE prod_name LIKE '___手机';

分析▼

此查询使用两个_（下画线）通配符匹配产品名称前的两个字符，匹配规则要求产品名称必须以"手机"结尾。

输出▼

id	prod_name	description	category_id	price	stock	create_at	update_at
1	小米手机	中国制造	1	2000.00	30	2024-05-19 17:36:29	2024-05-19 17:36:32
2	华为手机	中国制造	1	5000.00	50	2024-05-19 17:36:55	2024-05-19 17:36:57
3	三星手机	韩国制造	2	4000.00	100	2024-05-19 17:37:22	2024-05-19 17:37:37
4	苹果手机	美国制造	4	5000.00	60	2024-05-19 17:38:35	2024-05-19 17:38:37
5	vivo手机	中国制造	1	2000.00	200	2024-05-01 00:09:19	2024-05-07 00:09:23
6	谷歌手机	美国制造	4	3000.00	20	2024-05-07 00:10:21	2024-05-23 00:10:26

4.4.3 []通配符

在数据库中，[]通配符用于匹配指定字符集内的单个字符。它有以下两种匹配模式。

（1）[数据]：匹配方括号内任意单个字符。例如，LIKE '[at]%' 匹配以"a"或"t"开头的字符串。

（2）[^数据]：匹配不在方括号内的任意单个字符。例如，LIKE '[^at]%' 匹配不以"a"或"t"开头的任何字符串。

> **温馨提示：**
> （1）[]通配符内的字符匹配通常不区分大小写。
> （2）在使用[]通配符时，通常需结合%通配符使用，以匹配多个字符。例如，LIKE'[at]%'而非LIKE'[at]'。
> （3）[]通配符内的字符之间是"或"的关系，且通配符[]出现的位置严格匹配括号中出现的字符在整个字符串中的位置。
> （4）数据库兼容性。微软的SQL Server支持[]通配符，MySQL、Oracle、DB2、SQLite等数据库不支持。

【示例4-14】查询产品表（Products）中产品名称（prod_name）以"小"或"华"开头的产品。

输入▼

```
SELECT * FROM Products WHERE prod_name LIKE '[小华]%';
```

分析▼

[小华]匹配产品名称中第一个字符为"小"或"华"中的任意一个（仅匹配单个字符）。

输出▼

id	prod_name	description	category_id	price	stock	create_at	update_at
1	小米手机	中国制造	1	2000.00	30	2024-05-19 17:36:29	2024-05-19 17:36:32
2	华为手机	中国制造	1	5000.00	50	2024-05-19 17:36:55	2024-05-19 17:36:57

4.4.4 使用通配符的技巧

（1）明确使用场景：仅在确实需要进行模糊匹配（如查找名称中包含特定字符的记录）时使用通配符。

（2）减少通配符的使用：避免过度依赖通配符，因为通配符查询通常比精确匹配查询更耗时。若其他运算符（如=、>、<等）能够满足需求，应优先选用。

（3）注意通配符的位置：尽量将通配符置于搜索模式的末尾而非开头。从模式开头使用通配符（如'%abc'）会导致数据库进行全表扫描，性能通常最差。

4.4.5 实例5：利用AI工具快速编写通配符相关的SQL语句

在学习了LIKE运算符与通配符后，若对实际应用仍有疑问，可借助AI工具通过提问的方式快速编写相关的SQL语句。

【实例要求】

现有一张名为 employees 的数据库表，其中包含名为 first_name 的字段，用于存储员工的名字。现在我们想要查询名字以字母"A"开头的员工，同时查询名字中包含字母"e"的员工。

【思路分析】

根据实例要求，我们需要使用 SQL 的模糊查询功能，通过 LIKE 运算符结合通配符来实现。

（1）LIKE 运算符用于在 WHERE 子句中搜索列中符合指定模式的记录。

（2）通配符 % 用于匹配零个、一个或多个字符，而 _ 通配符则用于匹配单个字符。

【操作步骤】

我们以 DeepSeek 为例，向其提问以快速编写 SQL 语句。在使用 DeepSeek 之前，我们需要清晰地描述需求。

☆提示词：

现有一张名为 employees 的数据库表，其中包含名为 first_name 的字段，查询名字以字母"A"开头的员工。

☆DeepSeek 回答：

现在需要从名为 employees 的数据库表中查询名字以字母"A"开头的员工。

首先，需要确认数据库的类型，不同的数据库系统在 SQL 语法上可能有细微的差别。例如，LIKE 子句是否区分大小写以及是否使用特定的通配符。

其次，需要确定字段名是否正确，目标字段为 first_name，可直接使用。

最后，需要使用 SQL 的 LIKE 运算符来进行模式匹配。匹配以"A"开头的模式通常写作 'A%'，其中百分号 % 表示任意数量的任意字符。基础SQL语句如下。

SELECT * FROM employees WHERE first_name LIKE 'A%';

此外，默认情况下多数数据库系统不区分大小写，如需精确匹配大写，可能需要额外的处理。

☆提示词：

在employees数据库表中，查询名字包含字母"e"的员工记录。

☆DeepSeek回答：

现在需要查询名字中包含字母"e"的员工。

首先，要进行模式匹配，包含字母"e"意味着该字母可出现在名字的任意位置（开头、中间或末尾）。在SQL中，可使用LIKE运算符配合通配符%（匹配零个或多个任意字符）实现，对应模式为'%e%'。

其次，要注意大小写敏感性，因为不同的数据库对LIKE的大小写敏感度不同。例如，MySQL默认不区分大小写，而PostgreSQL默认区分。在PostgreSQL中处理不区分大小写的匹配时，可能需要用LIKE或正则表达式。

正确的SQL语句如下。

SELECT * FROM employees WHERE first_name LIKE '%e%';

☆结果说明：

（1）第一次查询，返回所有first_name字段中以"A"开头的员工记录。

（2）第二次查询，返回所有first_name字段中包含字母"e"的员工记录，无论"e"在名字中出现在哪个位置。

温馨提示：

（1）谨慎使用通配符：使用通配符会增加查询的复杂度，因为它需要遍历整个表格，而非利用索引进行快速查找。因此，在实际应用中，应尽量避免过多使用通配符，尤其是在处理大型数据集时。

（2）注意大小写敏感性：在使用LIKE运算符和通配符时，需注意大小写敏感性问题。在某些数据库系统中，LIKE运算符默认不区分大小写；但在某些系统中，可能需要通过指定特定的排序规则或配置来实现不区分大小写的匹配。

（3）[]通配符的用途：[]通配符用于匹配方括号中指定的任意一个字符。这在处理具有特定字符集的字符串时非常有用。然而，在上述实例中我们并未使用它，因为场景未涉及此类特定字符的匹配。

4.5 IN运算符

在数据库中，IN运算符用于指定多个可能的值，以便在 WHERE 子句中测试某个列的值是否匹配指定列表中的任何一个值。它提供了一种简洁的方式来测试多个值，避免使用多个 OR 条件。

语法：SELECT 列名1, 列名2, ..., 列名 n FROM 表名 WHERE 列名 IN(值1, 值2, ..., 值 n);

说明：

IN 列表中的值可以是字符串或数字。如果是字符串，则必须使用单引号括起来。

【示例4-15】将【示例4-5】改写为使用 IN 运算符的 SQL 语句。

输入▼

SELECT * FROM Products WHERE description IN('中国制造', '美国制造');

输出▼

id	prod_name	description	category_id	price	stock	create_at	update_at
1	小米手机	中国制造	1	2000.00	30	2024-05-19 17:36:29	2024-05-19 17:36:32

2	华为手机	中国制造	1	5000.00	50	2024-05-19 17:36:55	2024-05-19 17:36:57
4	苹果手机	美国制造	4	5000.00	60	2024-05-19 17:38:35	2024-05-19 17:38:37
5	vivo手机	中国制造	1	2000.00	200	2024-05-01 00:09:19	2024-05-07 00:09:23
6	谷歌手机	美国制造	4	3000.00	20	2024-05-07 00:10:21	2024-05-23 00:10:26

在4.3.4小节中，我们介绍了NOT运算符与IN运算符的结合方法。其语法如下。

语法：SELECT 列名1, 列名2, ..., 列名n FROM 表名 WHERE 列名 NOT IN(值1, 值2, ..., 值n);

【示例4-16】查询产品表（Products）中描述（description）既不是"中国制造"也不是"美国制造"的手机。

输入▼

SELECT * FROM Products WHERE description NOT IN('中国制造','美国制造');

输出▼

id	prod_name	description	category_id	price	stock	create_at	update_at
----	------	--------	--------	-------	----	--------	--------
3	三星手机	韩国制造	2	4000.00	100	2024-05-19 17:37:22	2024-05-19 17:37:37

> **温馨提示**：
> （1）子查询替代：如果IN列表中的值数量庞大或需要动态生成，使用子查询通常是更合适的选择（子查询将在后续章节讲解）。
> （2）性能考量：当IN列表包含大量值时，可能会导致查询性能下降，此时需要对查询进行优化。
> （3）NOT IN与NULL值：使用NOT IN时需特别注意NULL值。因为NULL代表未知值，不等于任何其他值（包括NULL本身）。如果IN列表或子查询结果中包含NULL值，或者被比较的列存在NULL值，使用NOT IN可能导致不符合预期的查询结果。为避免此类问题，通常建议使用NOT EXISTS或LEFT JOIN ... IS NULL的方式替代NOT IN。

4.6 BETWEEN运算符

在数据库中，BETWEEN运算符用于筛选在指定范围内的记录。BETWEEN运算符需与AND运算符结合使用，适用于数值、日期或文本字段，用于选择介于两个端点值之间的记录。

> **语法**：SELECT 列名1,列名2, ..., 列名n FROM 表名 WHERE 列名 BETWEEN 值1 AND 值2;

> **说明**：
> 值1和值2定义了范围的端点，查询结果集包含值1和值2。

【示例4-17】查询产品表（Products）中价格超过2000元（包含2000元）且不超过5000元（包含5000元）的手机。

输入▼

```
SELECT * FROM Products WHERE price BETWEEN 2000 AND 5000;
```

分析▼

使用BETWEEN AND运算符可以简洁地实现范围查询。

输出▼

id	prod_name	description	category_id	price	stock	create_at	update_at
----	-----	----------	----------	------	----	----------	----------
1	小米手机	中国制造	1	2000.00	30	2024-05-19 17:36:29	2024-05-19 17:36:32
2	华为手机	中国制造	1	5000.00	50	2024-05-19 17:36:55	2024-05-19 17:36:57
3	三星手机	韩国制造	2	4000.00	100	2024-05-19 17:37:22	2024-05-19 17:37:37
4	苹果手机	美国制造	4	5000.00	60	2024-05-19 17:38:35	2024-05-19 17:38:37
5	vivo手机	中国制造	1	2000.00	200	2024-05-01 00:09:19	2024-05-07 00:09:23
6	谷歌手机	美国制造	4	3000.00	20	2024-05-07 00:10:21	2024-05-23 00:10:26

> **温馨提示**：
> 【示例4-17】中的SQL语句等价于以下使用比较运算符的语句。

```
SELECT * FROM Products WHERE price >= 2000 AND price <= 5000;
```

> 注意：
> （1）NOT BETWEEN：可使用NOT BETWEEN来筛选不在指定范围内的记录。语法为：WHERE列名NOT BETWEEN值1AND值2。
> （2）日期或时间字段：当BETWEEN用于日期或时间字段时，务必确保提供的日期或时间常量格式与数据库表中该列的存储格式相匹配。

4.7 IS NULL和IS NOT NULL运算符

在数据库中，IS NULL和IS NOT NULL是用于检查字段值是否为NULL的条件运算符。NULL在SQL中表示字段没有值或未知值，它与空字符串（"）或零（0）有本质区别。

4.7.1 IS NULL运算符

IS NULL运算符用于在条件语句中检查某个字段的值是否为NULL。

语法：SELECT 列名1, 列名2, ..., 列名 n FROM 表名 WHERE 列名 IS NULL;

【示例4-18】查询产品表（Products）中描述（description）列值为NULL的手机。

输入▼

```
SELECT * FROM  Products  WHERE description IS NULL;
```

分析▼

该SQL语句筛选描述（description）列值为NULL的所有行。NULL表示该字段无有效数据或信息未知。执行上述SQL语句将不会输出任何结果。

> 注意：
> （1）专一性：IS NULL仅检测字段的值是否为NULL，不涉及其他值。
> （2）不可用等号判断：NULL不等于任何值（包括NULL本身）。因此，

> 不能使用=或!=（或<>）来检查NULL值。
> （3）组合查询：IS NULL可与其他条件（如AND、OR）结合，构建更复杂的查询逻辑。
> （4）数据类型通用性：IS NULL适用于所有数据类型的列（数值、字符串、日期等）。
> （5）返回值：IS NULL返回一个布尔值。如果字段的值为NULL，则返回TRUE；否则返回FALSE。

4.7.2　IS NOT NULL运算符

IS NOT NULL 运算符是数据库中用于检查某个字段的值不为NULL的条件语句。与 IS NULL 相反，IS NOT NULL 用于筛选和检索数据库中具有非NULL值的数据。

> **语法**：SELECT 列名1, 列名2, ..., 列名 n FROM 表名 WHERE 列名 IS NOT NULL;

【示例4-19】查询产品表（Products）中产品描述（description）不为NULL的手机。

输入▼

```
SELECT * FROM Products WHERE description IS NOT NULL;
```

分析▼

该SQL语句查询产品描述不为NULL的数据。因为数据表中产品描述均不为NULL，执行后将返回全部记录。

输出▼

id	prod_name	description	category_id	price	stock	create_at	update_at
----	------	----------	----------	-------	----	----------	----------
1	小米手机	中国制造	1	2000.00	30	2024-05-19 17:36:29	2024-05-19 17:36:32
2	华为手机	中国制造	1	5000.00	50	2024-05-19 17:36:55	2024-05-19 17:36:57
3	三星手机	韩国制造	2	4000.00	100	2024-05-19 17:37:22	2024-05-19 17:37:37

4	苹果手机	美国制造	4	5000.00	60	2024-05-19 17:38:35	2024-05-19 17:38:37
5	vivo 手机	中国制造	1	2000.00	200	2024-05-01 00:09:19	2024-05-07 00:09:23
6	谷歌手机	美国制造	4	3000.00	20	2024-05-07 00:10:21	2024-05-23 00:10:26

> **温馨提示：**
> IS NOT NULL 具有以下几大特性。
> （1）非包含性：IS NOT NULL 仅检查字段的值是否非 NULL，不涉及其他值。
> （2）组合查询：IS NOT NULL 可与其他条件（如 AND、OR）结合使用，以构建更复杂的查询。
> （3）数据类型通用性：IS NOT NULL 适用于任何数据类型的列，包括数字、字符串、日期等。
> （4）返回值：IS NOT NULL 返回一个布尔值。如果字段的值不是 NULL，则返回 TRUE；否则返回 FALSE。
> （5）性能考量：在大型数据库中，频繁使用 IS NOT NULL 进行查询可能会导致性能问题，因此在创建字段时尽量把字段值设置为非空。

> **注意：**
> （1）避免空值：在数据库设计时，尽量避免使用 NULL，特别是主键等重要字段。
> （2）数据清洗与区分：使用 IS NOT NULL 前需确保数据质量，注意区分空字符串与 NULL。

4.8 本章小结

本章介绍了数据库中的条件查询技术，包括比较运算符、逻辑运算符、LIKE 运算符及其通配符等，并结合实例演示了如何使用这些技术进行精确的数据筛选。主要内容涵盖了 NOT LIKE 运算符及其通配符的使用方法和技巧，以及使用通配符匹配特定字符串开头、结尾、包含特定字符串的值和单个字符的方法。此外，还介绍了 IN 运算符、BETWEEN 运算符及 IS NULL 和 IS NOT NULL 条件运算符的使用。每个示例都提供了输入、输出和必要的分析说明，帮助读者理解查询语句的执行结果，以及如何使用条件运算符进行数据筛选。

4.9 过关练习

1. 编写 SQL 语句，从 Users 表中查询用户名为"张三"的用户信息。

2. 编写 SQL 语句，从 Users 表中模糊查询以"小"开头的名字。

3. 编写 SQL 语句，从产品表中查询出价格在 1000 元（含）到 3000 元（含）之间的数据。

4. 编写 SQL 语句，查询 Users 表中 id 为 1、2、3 的明细数据。

第5章　计算与字段合并

本章将深入解析SQL在数据处理中的两大核心功能：计算与字段合并。本章将通过具体示例和实用技巧，带领读者掌握如何在数据库中进行高效的数据计算与字段整合。

【学习目标】
- 熟练掌握SQL中的计算与字段合并。
- 学会利用AI工具快速编写计算和拼接相关的SQL语句。

5.1　计算字段

在SQL中，计算字段是指基于表中的一列或多列通过计算或表达式产生的新的、非物理存在的字段。这些字段并非存储在数据库表中的实际列，而是在查询时动态生成的。计算字段通常用于数据的转换、计算或组合，以满足特定的查询需求。数学运算符，如加（+）、减（-）、乘（*）、除（/），用于基本的计算。本节将详细介绍SQL中的计算方法。

5.1.1　加法运算符（+）

在SQL中，加法运算符（+）用于对两个数值进行加法运算。该运算符要求两边的操作数均为数值类型（如整数、浮点数或小数），并返回它们的和。

1. 直接数值相加

SQL支持直接对两个数进行计算。

【示例5-1】在SQL中计算5+3的结果。

输入▼

```
SELECT 5+3 AS result;
```

分析▼

　　SQL中的加法计算和数学运算类似，通过SELECT语句执行运算。计算得到结果 8 后，使用AS关键字为结果指定了别名result。AS关键字用于为表达式（包括计算字段）赋予一个临时的名称（别名），提高结果的可读性。需要特别注意，result字段是查询结果集中临时生成的列，并非数据库表中实际存在的字段。

输出▼

```
result
----
8
```

> **注意：**
> 　　别名既可以是单个单词，也可以是包含多个单词的字符串（此时需用引号括起）。虽然允许多单词别名，但推荐使用简洁、描述性强的单个单词作为别名，以提升代码可读性，并避免在后续处理中可能产生的混淆。
> 　　在某些数据库系统中，AS关键字可以省略。例如，【示例5-1】也可写成如下形式。
>
> ```
> SELECT 5+3  result;
> ```
>
> 　　虽然省略AS的写法更为简洁，但显式使用AS关键字能使代码意图更加清晰明了。

2. 表中列之间的加法

　　前文介绍了直接对数值进行加法运算的方法。若需对数据库表中的列进行加法计算，其原理类似。下面通过示例进行说明。我们现在先来查询产品表中的全部信息。

输入▼

```
SELECT * FROM Products;
```

输出▼

id	prod_name	description	category_id	price	stock	create_at	update_at
1	小米手机	中国制造	1	2000.00	30	2024-05-19 17:36:29	2024-05-19 17:36:32
2	华为手机	中国制造	1	5000.00	50	2024-05-19 17:36:55	2024-05-19 17:36:57
3	三星手机	韩国制造	2	4000.00	100	2024-05-19 17:37:22	2024-05-19 17:37:37
4	苹果手机	美国制造	4	5000.00	60	2024-05-19 17:38:35	2024-05-19 17:38:37
5	vivo手机	中国制造	1	2000.00	200	2024-05-01 00:09:19	2024-05-07 00:09:23
6	谷歌手机	美国制造	4	3000.00	20	2024-05-07 00:10:21	2024-05-23 00:10:26

现在，我们尝试将产品的价格（price）与库存数量（stock）相加。请注意，此操作price + stock在业务逻辑上通常无实际意义，此处仅用于演示计算字段的用法。

【示例5-2】查询产品表（Products）的产品名称（prod_name）、价格（price）、库存数量（stock），并计算price + stock的值（别名为result）。

输入▼

```
SELECT prod_name, price, stock, price+stock AS result FROM Products;
```

分析▼

此查询使用加法运算符（+）对产品表（Products）中的price列和stock列进行逐行相加，动态生成一个新的计算字段。AS result为该计算字段指定了别名result。

输出▼

prod_name	price	stock	result
小米手机	2000.00	30	2030.00
华为手机	5000.00	50	5050.00

三星手机	4000.00	100	4100.00
苹果手机	5000.00	60	5060.00
vivo手机	2000.00	200	2200.00
谷歌手机	3000.00	20	3020.00

5.1.2 减法运算符（-）

在 SQL 中，减法运算符（-）用于计算第一个数值减去第二个数值的结果。与加法运算符类似，它主要用于数值类型的列或表达式。

【示例5-3】查询产品表（Products）的产品名称（prod_name）、价格（price）、库存数量（stock），并计算 price - stock 的值（别名为 result）。请注意，price - stock 在业务逻辑上通常无实际意义，此处仅用于演示减法运算符的用法。

输入▼

```
SELECT prod_name, price, stock, price - stock AS result FROM Products;
```

分析▼

此查询使用减法运算符（-）对产品表（Products）中的 price 列和 stock 列进行逐行相减，动态生成名为 result 的计算字段。

输出▼

prod_name	price	stock	result
--------	----------	----------	----------
小米手机	2000.00	30	1970.00
华为手机	5000.00	50	4950.00
三星手机	4000.00	100	3900.00
苹果手机	5000.00	60	4940.00
vivo手机	2000.00	200	1800.00
谷歌手机	3000.00	20	2980.00

5.1.3 乘法运算符（*）

在 SQL 中，乘法运算符是*，用于对两个数值列或表达式进行乘法运算。

【示例5-4】查询产品表（Products）的产品名称（prod_name）、价格（price）、库存数量（stock），并计算库存总价值（stock * price），别名为result。

输入▼

```
SELECT name, price, stock, stock * price AS result FROM Products;
```

分析▼

此查询使用乘法运算符（*）计算每种产品的库存总价值（stock * price），并将结果动态生成为名为result的计算字段。

输出▼

prod_name	price	stock	result
小米手机	2000.00	30	60000.00
华为手机	5000.00	50	250000.00
三星手机	4000.00	100	400000.00
苹果手机	5000.00	60	300000.00
vivo手机	2000.00	200	400000.00
谷歌手机	3000.00	20	60000.00

5.1.4 除法运算符（/）

在SQL中，除法运算符（/）用于计算一个数值除以另一个数值的结果，主要应用于数值类型的列或表达式。

> **注意：**
> 与数学运算规则相同，除数不能为0。在数据库中，若除数为0，大多数数据库系统会返回错误或特殊值（如NULL或无穷大）。

【示例5-5】查询产品表（Products）中满足"产品价格除以3后大于1000元"的所有产品信息。

输入▼

SELECT * FROM Products WHERE price / 3 > 1000;

分析▼

此查询在 WHERE 子句中使用除法运算符（/）和比较运算符（>）构建过滤条件 price / 3 > 1000。结果显示满足条件的产品记录共有 3 条。此示例说明，包含运算符的计算表达式不仅可用于 SELECT 子句创建计算字段，同样适用于 WHERE 子句进行动态条件筛选。

输出▼

id	prod_name	description	category_id	price	stock	create_at	update_at
2	华为手机	中国制造	1	5000.00	50	2024-05-19 17:36:55	2024-05-19 17:36:57
3	三星手机	韩国制造	2	4000.00	100	2024-05-19 17:37:22	2024-05-19 17:37:37
4	苹果手机	美国制造	4	5000.00	60	2024-05-19 17:38:35	2024-05-19 17:38:37

5.1.5 组合运算

SQL 支持在表达式中组合使用加（+）、减（-）、乘（*）、除（/）运算符进行复杂计算。运算符的优先级规则与数学运算一致：乘法和除法优先于加法和减法。要显式改变计算顺序，必须使用括号（）。

【示例 5-6】查询产品表（Products）中的产品名称（prod_name）、价格（price）、库存数量（stock），计算库存总价值（price * stock）和应用 10% 折扣后的库存总价值。

输入▼

SELECT prod_name, price, stock, price*stock AS result, (price * stock) - (price * stock * 0.1) AS result1 FROM Products;

分析▼

在执行复杂运算时，一定要注意运算符的优先级顺序。

输出▼

prod_name	price	stock	result	result1
小米手机	2000.00	30	60000.00	54000.000
华为手机	5000.00	50	250000.00	225000.000
三星手机	4000.00	100	400000.00	360000.000
苹果手机	5000.00	60	300000.00	270000.000
vivo手机	2000.00	200	400000.00	360000.000
谷歌手机	3000.00	20	60000.00	54000.000

5.1.6 实例6：利用AI工具快速编写计算相关的SQL语句

【实例要求】

现有一张名为transactions的表，用于记录用户交易数据。该表包含两列：amount1和amount2，分别表示与交易相关的金额。我们需要编写一条SQL查询语句，实现对amount1和amount2进行加、减、乘、除运算，并将4个计算结果分别作为新的列返回。

【思路分析】

（1）需求理解：核心需求是生成4个计算字段：amount1 + amount2，amount1 - amount2，amount1 * amount2，amount1 / amount2。

（2）技术实现：SQL的基础算术运算符（+、-、*、/）可直接用于实现这些计算。

（3）语句编写：在SELECT子句中列出原始字段和所有计算表达式，并使用AS关键字为每个计算结果指定清晰、有意义的别名（Alias）。

【操作步骤】

我们以ChatGPT为例，向其提问以快速编写SQL语句。在使用ChatGPT之前，我们需要清晰地描述需求。

☆提示词：

现有一张名为transactions的表，表中有两列：amount1和amount2，

分别表示与交易相关的金额。请编写SQL语句，实现对这两列金额的加法运算，并将结果作为新的列返回。

☆ChatGPT回答：

要实现上述两列的加法运算，可以使用SELECT语句结合加法运算符（+）实现。以下SQL查询将返回原始列及其和值。

SELECT amount1, amount2, (amount1 + amount2) AS total_amount FROM transactions;

此查询返回3列：原始列amount1、amount2以及计算列total_amount（amount1与amount2之和）。AS关键字用于为计算列指定别名total_amount。

☆提示词：

amount1和amount2的值相减的SQL如何编写？

☆ChatGPT回答：

要计算amount1减去amount2的值，可使用减法运算符（-）。其SQL语句如下。

SELECT amount1, amount2, (amount1 - amount2) AS difference FROM transactions;

此查询返回3列：原始列amount1、amount2以及计算列difference（amount1与amount2之差）。AS关键字用于为计算列指定别名difference。

☆提示词：

amount1和amount2的值相乘的SQL如何编写？

☆ChatGPT回答：

要计算amount1和amount2的乘积，可使用乘法运算符（*）。其

SQL 语句如下。

SELECT amount1, amount2, (amount1 * amount2) AS product FROM transactions;

　　此查询会返回 3 列：amount1、amount2 以及计算列 product（amount1 和 amount2 的乘积）。AS 关键字用于为计算列指定别名 product。

☆提示词：

amount1 和 amount2 的值相除的 SQL 如何编写？

☆ChatGPT 回答：

　　要计算 amount1 除以 amount2（假设 amount2 不为 0）的商，可使用除法运算符（/）。需特别注意的是，若 amount2 为 0 会导致运算时报错。

　　基本的 SQL 语句如下。

SELECT amount1, amount2, amount1 / amount2 AS quotient FROM transactions;

　　查询返回 3 列：原始列 amount1、amount2 以及计算列 quotient。计算列 quotient 的值为 amount1/amount2 的结果。AS 关键字用于为计算列指定别名 quotient。

☆结果说明：

（1）执行上述任一 SQL 语句后，将返回包含原始列（amount1、amount2）和对应计算结果列（如 total_amount、difference、product、quotient）的结果集。每一行代表一条交易记录及其运算结果。

（2）在实际应用中，可根据具体需求，添加 WHERE 子句筛选记录，或结合其他 SQL 功能进行优化。

5.2 拼接字段

存储在数据库表中的原始数据,其格式往往可能不符合应用程序的直接需求。此时,可利用 SQL 的字段拼接技术,将多个字段组合成符合业务逻辑的数据格式。

SQL 提供了多种字符串连接(拼接)方法,用于组合两个或多个字段的值。不同数据库系统支持的连接函数或运算符存在差异。本章聚焦于使用运算符进行拼接(+和||),函数相关的拼接方法将在后续章节讲解。

5.2.1 管道符(||)拼接

在 SQL 中,|| 是一个常用的字符串连接运算符,尤其在 Oracle、PostgreSQL、SQLite 等数据库中。使用 || 运算符可将两个或多个字符串字段或字符串值连接在一起。

【示例5-7】拼接产品表(Products)中的产品名称(prod_name)、描述(description)及价格(price)。

输入▼

```
SELECT prod_name || description || price AS result FROM Products;
```

输出▼

result
小米手机中国制造2000.00
华为手机中国制造5000.00
三星手机韩国制造4000.00
苹果手机美国制造5000.00
vivo手机中国制造2000.00
谷歌手机美国制造3000.00

分析▼

该查询将三个字段拼接为一个字段返回。上面的查询结果在可读性上不够理想,我们可以写成如下 SQL 语句。

输入▼

```
SELECT prod_name || '是' || description || '价格是' || price || '元' AS result FROM Products;
```

输出▼

```
result
----------------------------
小米手机是中国制造价格是2000.00元
华为手机是中国制造价格是5000.00元
三星手机是韩国制造价格是4000.00元
苹果手机是美国制造价格是5000.00元
vivo手机是中国制造价格是2000.00元
谷歌手机是美国制造价格是3000.00元
```

分析▼

　　此示例通过在字段间拼接字符串字面量(如'是', '价格是', '元'),生成了更具描述性的结果。这种按需组合字段和文本的拼接方式,在实际业务场景中应用广泛。

> **注意:**
> 　　(1)数据类型:||运算符主要用于连接字符串类型数据。若连接非字符串类型(如数值price),数据库通常会尝试隐式转换,但这可能会导致不期望的结果或错误。显式转换(如使用 CAST 或 TO_CHAR)可避免潜在错误并提升代码清晰度。
> 　　(2)NULL值处理:若参与拼接的任一字段为NULL,整个连接结果通常也为NULL(具体行为取决于数据库)。为避免此情况,可使用数据库特定的函数数(如Oracle的NVL, PostgreSQL的COALESCE或NULLIF)处理NULL值。
> 　　(3)性能考量:字符串拼接操作在多数情况下性能良好。然而,在处理海量数据或在WHERE、JOIN等子句中进行复杂拼接时,可能影响查询效率。

> 用户需结合具体数据库进行性能评估与优化，必要时可考虑预先计算字段或调整数据模型。

5.2.2 +拼接

在 SQL 中，对于某些数据库系统（如 SQL Server），字符串的拼接可以使用加号（+）来完成。+运算符在 SQL Server 中既可用于数值加法，也可用于字符串连接。

> **注意：**
> 在 SQL Server 中，使用 + 运算符进行字符串拼接时，必须确保至少有一个操作数是字符串类型，否则 SQL Server 会尝试将非字符串操作数隐式转换为字符串。显式转换可避免错误。

我们将【示例5-7】中的语句用+运算符进行改写以实现字符串拼接。

输入▼

```
SELECT prod_name + '是' + description + '价格是' + price + '元' AS result
FROM Products;
```

输出▼

```
result
-----------------------------
小米手机是中国制造价格是2000.00元
华为手机是中国制造价格是5000.00元
三星手机是韩国制造价格是4000.00元
苹果手机是美国制造价格是5000.00元
vivo手机是中国制造价格是2000.00元
谷歌手机是美国制造价格是3000.00元
```

分析▼

我们只需将‖拼接符换成+，即可正常输出该语句结果。

> **注意：**
> 当使用加号（+）进行字符串拼接时，确保参与拼接的列或值都是字符串类型。如果其中一个操作数是数字或其他非字符串类型，SQL Server 会尝试将其隐式转换为字符串。如果转换不成功，将会导致错误。因此，建议对非字符串类型进行显式转换。

5.2.3 实例7：利用AI工具快速编写拼接相关的SQL语句

【实例要求】

现有一张名为employees的表，包含了员工的基本信息，其中有两个字段：first_name（名字）和last_name（姓氏）。我们需要编写SQL语句，将这两个字段的内容拼接成一个完整的姓名。在不同的数据库系统中，拼接字符串的方式可能不同。本实例将分别演示使用加号（+，通常用于SQL Server）和管道符（||，通常用于Oracle、PostgreSQL等数据库）的实现方法。

【思路分析】

（1）明确拼接需求：将first_name和last_name两个字段的内容拼接成一个完整的姓名字段。

（2）选择拼接方式：根据数据库系统选择对应的拼接方式。在SQL Server中，使用加号（+）进行拼接；在Oracle、PostgreSQL等数据库中，使用管道符（||）进行拼接。

（3）编写SQL语句：在SELECT语句中，使用选定的拼接方式将first_name和last_name字段拼接起来，并使用AS关键字为结果列定义别名。

【操作步骤】

我们以ChatGPT为例，向其提问以快速编写SQL语句。在使用ChatGPT之前，我们需要清晰地描述需求。

☆提示词：

现有一张名为employees的表，其中有两个字段：first_name（名字）

和last_name（姓氏），请使用加号（+）将这两个字段拼接成一个完整的姓名字段。

☆ChatGPT回答：

要实现这个需求，可以使用SQL的SELECT语句，具体如下。

SELECT first_name, last_name, first_name + ' ' + last_name AS full_name FROM employees;

☆提示词：
使用管道符（||）实现相同的姓名拼接功能。

☆ChatGPT回答：

要实现这个需求，可以使用SQL的SELECT语句，具体如下。

SELECT first_name, last_name, first_name || ' ' || last_name AS full_name FROM employees;

☆结果说明：

（1）执行上述任意一条SQL语句后，查询将返回一个结果集。该结果集包含以下列。

①原始的first_name字段（名字）。

②原始的last_name字段（姓氏）。

③新生成的full_name字段（完整姓名）。

（2）full_name列的值由first_name和last_name的值按照指定的运算符（+或||）拼接生成，名字与姓氏之间自动添加了一个空格作为分隔符。结果集中的每一行对应一条员工记录，清晰地展示了该员工的完整姓名信息。

5.3 本章小结

本章重点介绍了SQL在数据处理中的两大核心功能：计算字段的创

建与字段合并。通过具体示例和实用技巧，读者可以掌握如何在数据库中进行高效的数据计算与字段整合。

计算字段是基于表中的一列或多列，通过计算或表达式动态生成的、非物理存在的虚拟字段。它通常用于数据的转换、计算或组合，以满足特定的查询需求。本章介绍了基本数学运算在 SQL 中的应用。

本章着重讲解了字符串拼接操作。在 SQL 中，|| 是标准的字符串连接运算符，用于将多个字符串字段或字符串字面量拼接在一起。需要注意的是，不同数据库系统对 || 运算符的具体支持语法可能略有差异。加号（＋）是 SQL Server 等数据库中常用的字符串连接运算符。

本章还介绍了如何利用 AI 工具生成和优化 SQL 语句，特别是涉及字段拼接和计算字段创建的技巧，以提高编写效率。

5.4 过关练习

1. 编写 SQL 语句，查询产品表中所有产品名称、产品价格，并新增一列显示该产品价格打九折后的结果。

2. 编写 SQL 语句，将用户表中的用户名、电话及地址三个字段的值拼接到一起，并将拼接结果作为一个新的字段展示出来。

第6章 函数

本章主要介绍SQL中的函数知识，讲解如何利用SQL中的函数解决数据处理中的实际问题。

【学习目标】
- 熟练掌握SQL中常用的函数。
- 学会利用AI工具快速编写函数相关的SQL语句。

6.1 常用函数

"函数"一词常使人联想到数学概念，但数据库中的函数与其关联不大。数据库中的函数实际上是简化查询操作、提高代码可读性和可维护性的工具。它们通常是预定义的，用于执行常见的数据库操作，如字符串处理、日期计算、数值转换等。使用这些函数，用户可以构建更简洁明了的SQL语句。

然而，使用函数也可能带来一些潜在的问题，如过度依赖函数可能导致查询性能下降。尽管函数可以简化查询语句，但通常会增加查询的复杂性，从而增加数据库服务器的处理时间。因此，在编写SQL语句时，应谨慎使用函数并避免不必要的调用。

数据库中的函数主要分为四大类：文本函数、日期函数、数值函数和聚集函数。

> 温馨提示：
> 函数具有以下特点。
> ● 简化查询：数据库函数可以封装复杂的逻辑和计算，使SQL语句更简洁和易读。通过调用函数，可以避免在多个地方重复编写相同的代码。

- 提高性能：某些数据库函数是针对特定操作进行优化的，它们可能比手动编写的SQL代码更高效。此外，数据库系统通常会对内置函数进行缓存和优化，从而进一步提高性能。
- 性能开销：虽然某些数据库函数可以提高性能，但并非所有函数都如此。某些复杂的函数或用户定义函数可能会增加查询的开销，因为它们需要额外的计算和内存资源。
- 可移植性：不同的数据库系统支持不同的函数集和语法。因此，使用特定数据库函数的代码可能无法在其他数据库系统中直接运行。这会导致在迁移数据库或更改数据库系统时需要修改代码。

6.1.1 文本函数

数据库中的文本函数主要用于处理字符串数据，包括字符串的拼接、截取、转换大小写、查找子串等操作。表6-1列出了一些SQL常见的文本函数。

表6-1 SQL常见的文本函数

函数名称	描述
CONCAT(str1, str2, ...)	连接两个或多个字符串
LENGTH(str)	返回字符串的长度
UPPER(str)	将字符串转换为大写
LOWER(str)	将字符串转换为小写
LEFT(str, len)	从字符串左侧截取指定长度的子串
RIGHT(str, len)	从字符串右侧截取指定长度的子串
SUBSTRING(str, pos, len) 或 SUBSTR(str, pos, len)	从字符串中截取指定位置和长度的字串
REPLACE(str, from_str, to_str)	在字符串中查找并替换子串
LTRIM(str)	去除字符串左侧的空格
RTRIM(str)	去除字符串右侧的空格
TRIM(str)	去除字符串两侧的空格
SOUNDEX(str)	返回字符串的SOUNDEX值（用于发音比较）

> **注意:**
> 这些函数的具体名称和参数可能因不同的数据库系统而有所差异。例如，MySQL 中用于截取子串的函数是 SUBSTR(str, pos, len)，而 Oracle 中使用的函数则是 SUBSTRING(str, pos, len)。因此，在使用函数时，建议查阅相应数据库的官方文档以获取准确的信息和用法示例。

下面我们通过示例重点介绍几种常见的函数。

1. 字符串拼接

上一章我们介绍了使用管道符（||）和加号（+）拼接字符。接下来，我们利用 CONCAT 函数拼接字符。

【示例6-1】将产品表中的产品名称、产品描述及产品价格拼接起来。

输入▼

```sql
SELECT CONCAT(prod_name, description, price) AS result FROM Products;
```

输出▼

```
result
--------------------------
小米手机中国制造2000.00
华为手机中国制造5000.00
三星手机韩国制造4000.00
苹果手机美国制造5000.00
vivo手机中国制造2000.00
谷歌手机美国制造3000.00
```

分析▼

这里使用了 CONCAT(str1, str2, ...) 函数，它能够将多个字符串直接拼接起来，相对于管道运算符和加号拼接更简洁。注意，CONCAT(str1, str2, ...) 函数并非在所有数据库中都适用。

> **温馨提示:**
> SQL 关键字和函数名通常不区分大小写（如 CONCAT 与 concat 等效）。

> 但在编写SQL语句时,应保持风格一致(如统一使用大写或小写),避免频繁变化导致可读性下降。对于复杂或自定义函数的使用,建议添加注释说明其作用,以方便代码维护。

2. 字符串大小写转换

在实际应用场景中,经常需要对字符串中的英文字母进行大小写转换。数据库提供了UPPER(str)和LOWER(str)函数,UPPER(str)函数用于将字符转换为大写,LOWER(str)函数用于将字符转换为小写。

【示例6-2】将产品表中的产品名称转换为大写和小写形式。

输入▼

```
SELECT prod_name, UPPER(prod_name) AS result, LOWER(prod_name) AS result1 FROM Products;
```

输出▼

prod_name	result	result1
------------	------------	------------
小米手机	小米手机	小米手机
华为手机	华为手机	华为手机
三星手机	三星手机	三星手机
苹果手机	苹果手机	苹果手机
vivo手机	VIVO手机	vivo手机
谷歌手机	谷歌手机	谷歌手机

分析▼

从输出结果可见,对于包含英文字母的"vivo手机",UPPER(str)函数成功将其中的小写英文字母"vivo"转换成了大写"VIVO",中文字符不受影响。

第三列数据没有发生任何变化,因为数据表中的"vivo"字符本就是小写,并非LOWER(str)函数失效了,因此第三列的结果集和第一列的结果集相同。

3. 字符串的截取

在实际应用场景中,经常需要截取字符串的一部分。不同的数据库系统提供了不同的函数来实现字符串的截取。

【示例6-3】截取产品表中产品描述的前两个字符(去掉"制造"两字)。

输入▼

```
SELECT description, SUBSTR(description, 1, 2) AS result FROM Products;
```

输出▼

description	result
-----------	-----------
中国制造	中国
中国制造	中国
韩国制造	韩国
美国制造	美国
中国制造	中国
美国制造	美国

分析▼

从输出结果可见,已经把"制造"两字去掉了。在使用SUBSTR (str, pos, len)时,需注意pos参数起始值为1,len参数代表要截取字符串的长度。

6.1.2 日期函数

在数据库中,日期函数用于处理日期和时间值。不同的数据库系统(如MySQL、PostgreSQL、SQL Server、Oracle等)提供了不同的日期函数。表6-2列出了SQL中常见的日期函数。

表6-2 SQL中常见的日期函数

数据库	函数名称	功能描述
MySQL	NOW()	返回当前日期和时间

续表

数据库	函数名称	功能描述
	CURDATE()	返回当前日期
	CURTIME()	返回当前时间
	DATE_ADD(date, INTERVAL expr unit)	日期加法
	DATEDIFF(date1, date2)	返回两个日期之间的天数差
	DATE_FORMAT(date, format)	将日期/时间值格式化为指定格式的字符串
	STR_TO_DATE(str, format)	将字符串转换为日期
PostgreSQL	CURRENT_DATE	返回当前日期
	CURRENT_TIME	返回当前时间
	CURRENT_TIMESTAMP	返回当前日期和时间
	AGE(timestamp1, timestamp2)	返回两个时间戳之间的时间间隔
	EXTRACT(field FROM source)	从日期/时间值中提取指定部分
	DATE_TRUNC('field', source)	将日期/时间值截断到指定的精度
	TO_CHAR(timestamp, format)	将日期/时间值格式化为指定格式的字符串
	TO_DATE(string, format)	将字符串转换为日期
SQL Server	GETDATE()	返回当前日期和时间
	DATEDIFF(datepart, startdate, enddate)	返回两个日期之间指定日期部分的差异数
	DATEADD(datepart, number, date)	在指定日期上添加指定的时间间隔
	FORMAT(date, format)	将日期/时间值格式化为指定格式的字符串

续表

数据库	函数名称	功能描述
Oracle	SYSDATE	返回数据库服务器操作系统的当前日期和时间
	CURRENT_DATE	返回会话时区当前日期
	CURRENT_TIMESTAMP	返回会话时区当前日期和时间
	ADD_MONTHS(date, number_of_months)	在日期上添加指定的月数
	NEXT_DAY(date, day_of_week)	返回指定日期之后的下一个指定星期几的日期
	LAST_DAY(date)	返回指定日期所在月份的最后一天
	MONTHS_BETWEEN(date1, date2)	返回两个日期之间的月份数
	TO_CHAR(date, format)	将日期/时间值格式化为指定格式的字符串
	TO_DATE(string, format)	将字符串转换为日期
	TRUNC(date)	截断日期/时间值到指定的精度

注意：

表6-2列出了各数据库系统中实现常见日期功能的代表性函数。函数的具体名称、参数语法、返回值精度以及支持的格式字符串存在显著差异。强烈建议在使用时查阅相应数据库的官方文档以获取最准确和最新的信息及用法示例。

下面我们通过示例重点介绍几种常见的日期函数使用方法。

1. 查询当前时间

【示例6-4】查询数据库的当前时间。

输入▼

SELECT CURRENT_DATE() AS result1, NOW() AS result1, CURTIME() AS result2;

输出▼

result	result1	result2
------------	------------	------------
2024-06-28	2024-06-28 23:32:24	23:32:24

分析▼

在MySQL中，查询当前时间的不同函数返回不同精度的结果：CURRENT_DATE()函数返回当前日期（年、月、日）；NOW()函数返回当前日期和时间（年、月、日、时、分、秒）；CURTIME()函数返回当前时间（时、分、秒）。在实际应用中，应根据实际业务需求选择合适的时间函数。

2. 格式化日期

【示例6-5】查询产品表中创建日期为"2024-05-19"的产品信息。

输入▼

SELECT * FROM Products WHERE DATE_FORMAT(create_at, '%Y-%m-%d') = '2024-05-19';

输出▼

id	prod_name	description	category_id	price	stock	create_at	update_at
----	--------	----------	----------	-------	----	----------	----------
1	小米手机	中国制造	1	2000.00	30	2024-05-19 17:36:29	2024-05-19 17:36:32
2	华为手机	中国制造	1	5000.00	50	2024-05-19 17:36:55	2024-05-19 17:36:57
3	三星手机	韩国制造	2	4000.00	100	2024-05-19 17:37:22	2024-05-19 17:37:37
4	苹果手机	美国制造	4	5000.00	60	2024-05-19 17:38:35	2024-05-19 17:38:37

分析▼

以 MySQL 为例，%Y、%m 和 %d 是 DATE_FORMAT() 函数的格式说明符，分别代表4位数字的年份、2位数字的月份和2位数字的日期。

6.1.3 数值函数

数据库中的数值函数用于处理数值数据，可对数字进行各种计算和操作。表6-3列出了SQL中常见的数值函数。

表6-3 SQL中常见的数值函数

函数名称	功能描述
ABS(X)	返回X的绝对值
CEIL(X) 或 CEILING(X)	返回大于或等于X的最小整数
FLOOR(X)	返回小于或等于X的最大整数
ROUND(X, D)	将X值四舍五入到小数点后D位
POW(X, Y) 或 POWER(X, Y)	返回X的Y次幂
RAND()	返回一个 [0,1] 区间内的随机浮点数
RAND(N)	使用种子值N返回一个可重复的随机数序列
EXP(X)	返回e的X次方
LOG(X)	返回X的自然对数（以e为底）
LOG(X, Y)	返回X的以Y为底的对数
PI()	返回圆周率π的值

> **注意：**
> 不同的数据库系统（如MySQL、Oracle、SQL Server等）支持的函数集可能有所差异。上述函数在主流数据库系统中较常见，但使用时仍需参考具体数据库文档。

【示例6-6】查询-3.4的绝对值，以及四舍五入后的整数值。

输入▼

SELECT ABS(-3.4) AS result, ROUND(-3.4) AS result1;

输出▼

result	result1
----	----
3.4	-3

6.1.4 聚集函数

在 SQL 中，聚集函数（Aggregate Functions）用于对一组值执行计算并返回单个值。这些函数常与 GROUP BY 子句配合使用，按一个或多个列对结果集进行分组，并对每个组应用聚集函数。常用的聚集函数有 COUNT()、SUM()、MIN()、MAX()、AVG()。

> 说明：
> GROUP BY 语句将在下一章详细介绍。

1. COUNT()

COUNT() 是 SQL 中最常用的聚集函数之一，用于计算查询结果集中的行数或非空值的数量。

（1）计算表中的总行数。

若要查询一个表中有多少行数据，可使用 COUNT(*)，其中 * 是一个通配符，表示计算所有行。

语法：SELECT COUNT(*) FROM 表名;

> 注意：
> （1）COUNT() 函数会统计所有行，包括包含 NULL 值的行。
> （2）当配合 GROUP BY 子句使用时，COUNT() 函数将为每个分组返回对应的计数值。

【示例 6-7】查询产品表中的行数。

输入▼

```
SELECT COUNT(*) AS result FROM Products;
```

输出▼

```
result
----
6
```

分析▼

产品表中共有6条数据，因此返回结果为6。

（2）计算某列中非空值的数量。

若需统计某列中非空值的数量，可使用 COUNT(column_name)。与 COUNT(*) 不同，该函数只会计数非空的列值。

语法：SELECT COUNT(列名) FROM 表名;

> 注意：
> （1）当使用 COUNT(列名) 且该列包含 NULL 值时，结果将小于 COUNT(*) 的结果，因为 COUNT(列名) 不统计 NULL 值。
> （2）在某些数据库系统中，COUNT(列名) 的性能可能略逊于 COUNT(*)，特别是当该列为大字段或包含大量数据时。但在大多数情况下，这种性能差异可忽略不计。

（3）与 DISTINCT 一起使用。

若要计算某列中唯一值的数量，可结合 COUNT() 和 DISTINCT 使用。

语法：SELECT COUNT(DISTINCT 列名) FROM 表名;

【示例6-8】查询产品表中产品描述的唯一值数量。

输入▼

```
SELECT COUNT(DISTINCT description) AS result FROM Products;
```

输出▼

```
result
----
3
```

分析▼

  产品表中共有 6 条数据,去除产品描述中的重复值后,返回的结果为 3。

  2. SUM()

  SUM() 函数是 SQL 中常用的聚合函数,用于计算一列中所有非 NULL 值的总和。

> 语法:SELECT SUM(列名) FROM 表名;

  【示例 6-9】查询产品表中产品价格的总和。

输入▼

```
SELECT SUM(price) AS result FROM Products;
```

输出▼

```
result
----
21000.00
```

> 温馨提示:
>   若需根据条件统计产品价格的总和,可在 FROM 子句后添加 WHERE 子句过滤数据。

  3. MIN()

  MIN() 函数用于查找指定列中的最小值。该函数可作用于多种数据类型的列,如数字、日期和字符串等。对于字符串数列,返回值取决于数据库的排序规则。

语法：SELECT MIN(列名) FROM 表名;

【示例6-10】查询产品表中产品的最低价格。

输入▼

SELECT MIN(price) AS result FROM Products;

输出▼

```
result
------
2000.00
```

分析▼

产品表中存在两条价格为2000元的记录，但MIN()函数仅返回单一最小值。

> **注意：**
> ● 忽略NULL值：MIN()函数会忽略NULL值，只计算非NULL值的最小值。
> ● 非数值列：当MIN()函数用于非数值列（如字符串列）时，它会根据数据库的排序规则返回最小值。
> ● 结合使用：MIN()函数可与其他函数和运算符结合使用，以构建更复杂的查询逻辑。

4. MAX()

MAX()函数用于查找指定列中的最大值。与MIN()函数类似，MAX()函数也可作用于多种数据类型的列。对于字符串列，返回值取决于数据库的排序规则。

语法：SELECT MAX(列名) FROM 表名;

5. AVG()

AVG()函数用于计算指定数值列的平均值。它会对该列中的所有非

NULL值进行求和，然后除以非NULL值的数量，从而得到平均值。

语法：SELECT AVG(列名) FROM 表名;

【示例6-11】查询产品表中的平均价格。

输入▼

SELECT AVG(price) AS result FROM Products;

输出▼

result

3500.000000

> **注意**：
> ● 忽略NULL值：AVG()函数会忽略NULL值，只计算非NULL值的平均值。
> ● 数据类型：AVG()函数通常用于数值列。如果列中包含无法转换为数值的数据，那么AVG()函数将返回错误。
> ● 结合使用：AVG()函数可与其他函数和运算符结合使用，以构建更复杂的查询逻辑。

6.1.5 实例8：利用AI工具快速编写函数相关的SQL语句

【实例要求】

现有一张名为orders的表，包含以下字段：order_id（订单ID）、order_date（订单日期，格式为YYYY-MM-DD）、customer_name（客户名）、product_name（产品名称）、quantity（购买数量）、price_per_unit（单价）。

我们的目标如下。

（1）查询客户名为"John Doe"的首次购买日期。

（2）计算所有订单中"Apple"产品的总销售额。

【思路分析】

（1）为找到客户"John Doe"的首次购买日期，需筛选该客户记录并按日期排序取最早值。在本实例中，仅需比较日期大小，无须使用复杂日期函数。

（2）为计算"Apple"产品的总销售额，需先筛选产品名称为"Apple"的记录，再使用 SUM() 函数对 quantity 和 price_per_unit 的乘积（即单笔订单销售额）求和。

【操作步骤】

我们以 DeepSeek 为例，向其提问以快速编写 SQL 语句。在使用 DeepSeek 之前，我们需要清晰地描述需求。

☆提示词：

现有一张名为 orders 的表，包含以下字段：order_id（订单 ID）、order_date（订单日期，格式为 YYYY-MM-DD）、customer_name（客户名）、product_name（产品名称）、quantity（购买数量）、price_per_unit（单价）。需查询客户名为"John Doe"的首次购买日期。

☆DeepSeek 回答：

（1）查询目标：获取客户名为 John Doe 在 orders 表中的首次购买日期（最早的订单日期）。

（2）表结构与关键字段：目标表为 orders，包含字段 order_id、order_date、customer_name、product_name、quantity、price_per_unit。实现本查询需使用的关键字段是 customer_name 和 order_date。

（3）思路分析：

①核心函数：获取最早日期需使用聚合函数 MIN(order_date)。

②数据筛选：因为仅需特定客户 John Doe 的数据，所以需在 WHERE 子句中设置条件 customer_name = 'John Doe'。

③分组考量：通过在 WHERE 子句精确指定客户名，可直接计算该客户所有订单的最小 order_date，无须显式使用 GROUP BY customer_name。

④日期处理：MIN(order_date) 直接返回该客户最早的订单日期值。同一客户同一天存在多笔订单不影响结果。

⑤潜在问题考量：

● 名称匹配：假设表中 customer_name 存储的值与 'John Doe' 精确匹配（包括大小写和空格）。若存在不一致（如大小写、首尾空格），则需使用函数，如 UPPER()、LOWER()、TRIM()，来处理或使用 LIKE 操作符进行模式匹配。

● 客户名唯一性：若表中存在多个同名客户（'John Doe'），则查询会返回所有这些客户的最早订单日期（即按 customer_name 分组的效果）。若需区分同名客户，则需依赖其他字段（如客户 ID），但问题未提及，故按 customer_name 精确匹配处理。

⑥结果范围：问题明确要求仅返回首次购买日期，无须关联其他订单详情。

SQL 语句如下。

```
SELECT MIN(order_date) AS first_purchase_date
FROM orders
WHERE customer_name = 'John Doe';
```

☆提示词：

计算所有订单中"Apple"产品的总销售额

现在需要计算所有订单中"Apple"产品的总销售额。

（1）确认表结构：用户提到的 orders 表包含 product_name、quantity 和 price_per_unit 字段。

（2）计算逻辑：使用 SUM 函数，计算 quantity 乘 price_per_unit 的总和，并在 WHERE 条件中指定 product_name 等于 'Apple'。

（3）注意事项：

①产品名称匹配：问题中明确要求"Apple"产品，故暂时按精确匹配处理。需确认表中 product_name 字段存储的是精确值（如

"Apple"），而非包含"Apple"的其他产品名称（如"Apple iPhone"或"Apple Watch"）。若有后者情况，可能需要使用LIKE或更复杂的匹配，但根据当前问题描述，暂不需要。

②数据类型：需确保quantity和price_per_unit字段是数值类型，否则乘法运算可能出错。

③空值处理：如果quantity或price_per_unit存在NULL值，其乘积结果将为NULL，在SUM聚合时会被忽略。用户未提及此情况，故暂不特殊处理。

SQL语句如下。

```
SELECT SUM(quantity * price_per_unit) AS total_sales_for_apple
FROM orders
WHERE product_name = 'Apple';
```

建议使用别名total_sales_for_apple，使结果更清晰。

☆结果说明：

查询1结果：first_purchase_date列显示客户名为"John Doe"的首次购买日期。

查询2结果：total_sales_for_apple显示所有订单中"Apple"产品的总销售额。

6.2 本章小结

本章主要讲解了SQL中函数的概念及其应用，包括字符串处理、日期计算、数值转换等。合理使用函数能够有效简化查询操作、提高代码的可读性和可维护性，但需要注意，过度依赖复杂函数可能导致查询性能下降。

本章介绍了常见的文本函数、日期函数、数值函数和聚集函数等。其中，聚集函数包括COUNT()、SUM()、MIN()、MAX()和AVG()，用于对一组值执行计算并返回单个值。

6.3 过关练习

1. 编写 SQL 语句，将用户表的用户名、电话及地址拼接到一起，用一个新的结果集来展示。请使用 CONCAT 函数来编写。

2. 编写 SQL 语句，查询产品表中产品创建时间小于当前时间的产品信息。

3. 编写 SQL 语句，查询产品表中产品描述为"中国制造"的产品，计算出这些产品的总数及平均价格。

第7章 排序和分组

排序（Sorting）与分组（Grouping）是数据处理与分析中的两大核心操作，扮演着至关重要的角色。排序能够将无序的数据按照特定的规则排列，从而快速定位所需信息；而分组则能够将相似的数据聚合在一起，便于进行统计分析，揭示数据背后的规律和趋势。

在本章，我们将从排序的基本概念出发，帮助读者掌握SQL中ORDER BY子句的使用方法，实现数据的快速排序。随后，我们将转向分组操作，学习如何使用GROUP BY子句对数据进行分组聚合，以及如何利用聚合函数，如COUNT()、MAX()、MIN()、SUM()、AVG()，对分组后的数据进行统计计算。此外，我们还将探讨分组后数据的筛选与排序，以及如何利用HAVING子句对分组结果进行进一步的条件筛选。

通过本章的学习，读者将能够熟练运用排序和分组技巧，对数据库中的数据进行高效处理与分析，为数据驱动的决策提供有力支持。

【学习目标】
- 掌握分组、排序的概念。
- 学会利用AI工具快速编写排序和分组相关的SQL语句。

7.1 排序

排序是数据库查询中的一个操作，用于确定查询结果集中行的顺序。在SQL中，排序通常通过ORDER BY子句实现。ORDER BY子句指定用于排序的列或表达式，以及排序的方向（升序或降序）。

- 升序排序（ASC）：如果未指定排序方向，则默认为升序排序。这意味着较小的值会排在结果集的前面，较大的值会排在后面。

● 降序排序（DESC）：通过指定DESC关键字可以实现降序排序。这意味着较大的值会排在结果集的前面，较小的值会排在后面。

7.1.1 单列排序

单列排序是指根据查询结果中的某一列的值进行排序，用于确定结果集中行的顺序。

> **语法**：SELECT 列名1, 列名2, ..., 列名 n
> FROM 表名
> ORDER BY 列名 [ASC|DESC];

> **说明**：
> ORDER BY后指定用于排序的列名：ASC表示升序（从小到大）；DESC表示降序（从大到小）。如果省略排序方向，则默认为升序。

> **温馨提示**：
> ● 数值排序：对于数值列，按照数值大小进行排序。
> ● 字符串排序：对于字符串列，按照字符的字典顺序进行排序。不同的数据库系统可能使用不同的字符集和排序规则，但通常都遵循标准的ASCII或Unicode排序顺序。
> ● 日期排序：对于日期列，按照日期的先后顺序进行排序。

【示例7-1】查询产品表中的产品名称及产品价格，要求结果按产品价格升序排序。

输入▼

SELECT prod_name, price FROM Products ORDER BY price ASC;

输出▼

prod_name	price
-------	-------

小米手机	2000.00
vivo 手机	2000.00
谷歌手机	3000.00
三星手机	4000.00
华为手机	5000.00
苹果手机	5000.00

> **温馨提示：**
> 由于升序是默认排序方向，因此上述 SQL 语句也可简写为如下。
> SELECT prod_name, price FROM Products ORDER BY price;

【示例 7-2】查询产品表中的产品名称及产品价格，要求结果按产品价格降序排序。

输入▼

SELECT prod_name, price FROM Products ORDER BY price DESC;

输出▼

prod_name	price
-------	--------
华为手机	5000.00
苹果手机	5000.00
三星手机	4000.00
谷歌手机	3000.00
小米手机	2000.00
vivo 手机	2000.00

7.1.2 多列排序

多列排序是指通过多个列的值对查询结果进行排序。在排序过程中，系统首先按照第一个指定的列进行排序，如果第一个列的值相同，则再根据第二个指定的列进行排序,以此类推。这种排序方式允许更精确地控制数据的排序顺序。

语法:SELECT 列名1,列名2 ,..., 列名 n
FROM 表名
ORDER BY 列名1 [ASC|DESC], 列名2 [ASC|DESC], ..., 列名 n [ASC|DESC];

【示例7-3】查询产品表中的所有产品数据,要求结果按产品价格升序排序,若价格相同则按产品创建时间降序排序。

输入▼

```
SELECT * FROM Products
ORDER BY price ASC, create_at DESC;
```

输出▼

id	prod_name	description	category_id	price	stock	create_at	update_at
1	小米手机	中国制造	1	2000.00	30	2024-05-19 17:36:29	2024-05-19 17:36:32
5	vivo手机	中国制造	1	2000.00	200	2024-05-01 00:09:19	2024-05-07 00:09:23
6	谷歌手机	美国制造	4	3000.00	20	2024-05-07 00:10:21	2024-05-23 00:10:26
3	三星手机	韩国制造	2	4000.00	100	2024-05-19 17:37:22	2024-05-19 17:37:37
2	苹果手机	美国制造	4	5000.00	60	2024-05-19 17:38:35	2024-05-19 17:38:37
4	华为手机	中国制造	1	5000.00	50	2024-05-19 17:36:55	2024-05-19 17:36:57

分析▼

从输出结果可见,先按照价格进行升序排序。若价格相同的行,则根据创建时间进行降序排序。虽然"小米手机"和"vivo手机"的价格相同,但"小米手机"的创建时间更晚,因此它排在"vivo手机"前面。

7.1.3 按列位置排序

除能够使用列名来指定排序顺序外,ORDER BY子句还支持根据查询结果中列的相对位置进行排序。这意味着,无须明确指定列名,可以通过列在SELECT语句中的位置（从左到右）指示ORDER BY如何对数据进行排序。

> **语法**：SELECT 列名1, 列名2, ..., 列名 n
> FROM 表名
> ORDER BY 列索引1 [ASC|DESC], 列索引2 [ASC|DESC], ..., 列索引 n [ASC|DESC];

> **说明**：
> 　　这里的列索引代表数字，位置序号从1开始。

【示例7-4】实现与【示例7-3】相同的排序效果（按价格升序，价格相同时按创建时间降序）也可以使用列位置排序。

输入▼

```
SELECT * FROM Products
ORDER BY 5 ASC, 7 DESC;
```

输出▼

id	prod_name	description	category_id	price	stock	create_at	update_at
1	小米手机	中国制造	1	2000.00	30	2024-05-19 17:36:29	2024-05-19 17:36:32
5	vivo手机	中国制造	1	2000.00	200	2024-05-01 00:09:19	2024-05-07 00:09:23
6	谷歌手机	美国制造	4	3000.00	20	2024-05-07 00:10:21	2024-05-23 00:10:26
3	三星手机	韩国制造	2	4000.00	100	2024-05-19 17:37:22	2024-05-19 17:37:37
2	苹果手机	美国制造	4	5000.00	60	2024-05-19 17:38:35	2024-05-19 17:38:37
4	华为手机	中国制造	1	5000.00	50	2024-05-19 17:36:55	2024-05-19 17:36:57

分析▼

　　位置序号5对应SELECT*结果集中的第5列，即price列。位置序号7对应SELECT *结果集中的第7列，即create_at列。

> **温馨提示：**
> 使用列位置进行排序可能会降低代码的可读性，特别是当SELECT语句包含多个列或列的顺序经常变动时。使用列名进行排序通常是更明确、更易于理解和维护的做法。因此，尽管ORDER BY支持按相对列位置排序，但在编写SQL语句时，推荐使用列名来明确指定排序条件。

7.1.4 实例9：利用AI工具快速编写排序相关的SQL语句

【实例要求】

现有一张名为employees的表，包含以下字段：employee_id（员工ID）、employee_name（员工姓名）、salary（薪资）。

我们的目标是根据薪资对员工进行降序排序，并显示排序后的员工列表。

【思路分析】

若要根据薪资对员工进行排序，可使用SQL的ORDER BY子句。ORDER BY子句用于指定一个或多个字段按升序（ASC）或降序（DESC）排序查询结果。在本实例中，我们将根据salary字段进行降序排序，以便薪资最高的员工首先显示。

【操作步骤】

我们以DeepSeek为例，向其提问以快速编写SQL语句。在使用DeepSeek之前，我们需要清晰地描述需求。

☆提示词：

现有一张名为employees的表，包含以下字段：employee_id（员工ID）、employee_name（员工姓名）、salary（薪资）。我们的目标是根据薪资对员工进行降序排序，并显示排序后的员工列表。

☆DeepSeek回答：

（1）需要明确表的结构：该表包含3个字段：employee_id是员工的唯一标识，employee_name是员工姓名，salary是薪资。目标是根据薪资数值从高到低排列员工记录。

（2）编写SQL语句：需要使用ORDER BY子句进行排序，并通过DESC关键字指定降序。具体SQL语句如下。

```
SELECT employee_id, employee_name, salary
FROM employees
ORDER BY salary DESC;
```

（3）需要确认语法是否正确：ORDER BY子句位于FROM子句之后（若有WHERE子句则在其后），DESC表示降序（默认排序方式为升序ASC）。

此外，需考虑以下潜在情况。

（1）多字段排序：若存在薪资相同的员工，题目虽未明确要求，但为保障结果一致性，可添加第二排序条件（如按employee_id升序排列）。此时SQL语句如下。

```
ORDER BY salary DESC, employee_id ASC;
```

鉴于题目仅要求按薪资排序，基础语句已满足需求。

（2）NULL值处理：若salary字段允许为NULL，需要注意其排序位置。不同数据库系统处理方式略有差异，通常使用ORDER BY...DESC语句时NULL值会出现在结果集末尾（升序ASC时出现在开头）。题目未涉及NULL值，故假设所有salary均为有效数值，基础语句适用。

☆ **结果说明：**

执行上述查询后，将返回一个按薪资降序排序的员工列表。列表的第一行对应薪资最高的员工，后续各行按薪资依次递减排列。结果集的每一行均包含员工ID（employee_id）、员工姓名（employee_name）及薪资（salary）信息。

此查询利用SQL基础的ORDER BY子句实现排序功能，是数据库操作中的常见需求。

7.2 分组

分组是数据库查询中的核心概念,其功能是根据一个或多个列的值将查询结果集划分为多个子集(组),并对每个组应用聚合函数进行计算。

数据库分组是通过SQL查询中的GROUP BY子句实现的。GROUP BY子句依据指定列(列组合)的值,将结果集中的行分配到不同的组内,同组行在分组列上具有相同值。

分组操作通常与聚合函数结合使用,用于计算各组的统计摘要(如求和、平均值、计数、最大值、最小值)。

> **语法**:SELECT 列名1,列名2, ...,列名 n
> AGGREGATE_FUNCTION(column_name)
> FROM 表名
> WHERE 条件
> GROUP BY 列名1,列名2, ..., 列名 n;

> **说明**:
>   AGGREGATE_FUNCTION代表聚集函数,如SUM()、AVG()、MAX()、MIN()、COUNT()等。WHERE子句(可选)用于在数据分组前过滤记录的条件。GROUP BY子句必须紧随FROM或WHERE子句(如果存在)之后。GROUP BY子句指定了要根据哪些列的值来分组结果集中的行。用户可以指定一个或多个列名,列名之间用逗号分隔。

7.2.1 SQL中的GROUP BY子句

在SQL中,GROUP BY子句用于将来自一个或多个表的行进行分组。GROUP BY通常与聚集函数配合使用。回顾上一章的【示例6-7】,其SQL语句也可写成如下。

> SELECT COUNT(*) AS result FROM Products;

输出▼

```
result
----
6
```

现在，我们想根据产品描述来分类统计，如统计"中国制造""美国制造""韩国制造"各自的产品数量，就需要用到 GROUP BY 子句。

【示例 7-5】根据产品描述进行分类统计，其 SQL 语句如下。

SELECT COUNT(*) AS result, description FROM Products GROUP BY description;

输出▼

```
result  description
----    ------------
3       中国制造
1       韩国制造
2       美国制造
```

> **注意：**
> （1）在使用 GROUP BY 时，SELECT 列表中未包含在聚合函数中的每个列都必须在 GROUP BY 子句中明确指定。
> （2）某些数据库系统（如 MySQL）在旧版本的默认设置下，允许 SELECT 列表中包含未在 GROUP BY 子句中指定的列，但这可能会导致不确定的结果，因为数据库可以自由选择每个组中的行来显示这些列的值。
> （3）明确指定 GROUP BY 子句中的列，以确保结果的一致性和可预测性。

> **温馨提示：**
> （1）精确性：如果没有 GROUP BY，聚合函数会对整个结果集进行操作。例如，如果不使用 GROUP BY，直接对 Products 表使用 COUNT(*)，会得到产品表的总记录数。
> （2）灵活性：GROUP BY 允许用户根据一个或多个列的值来分组数据，使用户可以根据需要灵活地计算不同层面的统计信息。

（3）相对位置分组：少部分数据库支持通过SELECT列表中的相对位置来指定分组列。上述SQL语句也可写成如下。

SELECT COUNT(*) AS result, description FROM Products GROUP BY 2;

但这种写法不推荐，因为可读性较差（其他开发者需要查看列顺序来确定分组依据）且易受SELECT列表修改的影响。笔者更推荐使用列名的方式进行分组。

7.2.2 HAVING子句与分组后的数据筛选

HAVING子句在SQL中用于对分组后的数据进行筛选。与WHERE子句在数据分组之前过滤记录行不同，HAVING子句在数据经过GROUP BY子句分组并应用了聚合函数之后，对分组结果进行过滤。HAVING子句必须位于GROUP BY子句之后。

语法：SELECT 列名1,列名2,...,列名n,AGGREGATE_FUNCTION(column_name)
FROM 表名
WHERE 条件
GROUP BY 列名1,列名2,...,列名n HAVING 条件;

在【示例7-5】中，我们根据产品描述进行了分类统计，现在我们需要对分类后的数据进行条件筛选，即使用HAVING子句。

【示例7-6】根据产品描述进行分类统计，并使用HAVING子句筛选出统计结果大于1的分组。

输入▼

SELECT COUNT(*) AS result, description
FROM Products
GROUP BY description
HAVING result >1;

输出▼

| result | description |

3	中国制造
2	美国制造

> **温馨提示：**
> WHERE 子句和 HAVING 子句的关键区别在于执行时机和操作对象。
> ● WHERE 在数据分组之前执行，过滤的是原始记录行，并且不能直接使用聚合函数的结果作为过滤条件。
> ● HAVING 在数据分组之后执行，过滤的是分组结果，并且可以基于聚合函数的结果（如 COUNT(*), SUM(salary), AVG(score)）进行筛选。

7.2.3 分组与排序

分组和排序是两个不同的概念，但在实际应用场景中往往需要结合使用。用户可以使用 GROUP BY 子句按某个或多个列的值对数据进行分组并计算聚合值。然后，使用 ORDER BY 子句对分组后的结果进行排序。

语法：
SELECT 列名1, 列名2, ..., 列名n, AGGREGATE_FUNCTION(column_name)
FROM 表名
WHERE 条件
GROUP BY 列名1, 列名2, ..., 列名n
HAVING 条件
ORDER BY 列名1, 列名2, ..., 列名n;

【示例7-7】根据产品描述进行分类统计，筛选出产品数量大于1的分组，并将统计结果按升序排序。

输入▼

SELECT COUNT(*) AS result, description
FROM Products
GROUP BY description
HAVING result >1

ORDER BY result;

输出▼

result	description
----	------------
2	美国制造
3	中国制造

7.2.4　SELECT子句的执行顺序

理解SELECT语句中各子句的逻辑执行顺序对深入掌握SQL至关重要。需要注意的是，这个逻辑顺序与其在查询中的书写顺序并不完全一致。以下是SELECT语句关键子句的标准逻辑执行步骤。

（1）FROM子句：查询执行的起点。FROM子句从指定的表或视图中检索数据，生成初始结果集。

（2）WHERE子句（如果存在）：在FROM子句之后执行。WHERE子句根据指定条件过滤初始结果集中的行，只有满足条件的行才会进入后续处理。

（3）GROUP BY子句（如果存在）：在WHERE子句之后执行（或直接在FROM子句之后）。GROUP BY子句依据指定的一个或多个列，将前一步得到的结果集中的行分组。具有相同分组键值的行会被归入同一组。

（4）计算聚合函数：在数据被GROUP BY分组后，聚合函数，如SUM()、AVG()、MAX()、MIN()、COUNT()等，会在每个分组上进行计算，得出该组的汇总值（聚合值）。

（5）HAVING子句（如果存在）：HAVING子句在分组和聚合计算之后执行。它基于聚合结果对分组进行筛选，只有满足HAVING条件的分组才会被保留。

（6）ORDER BY子句（如果存在）：ORDER BY子句在最后阶段执行（SELECT子句之后）。它对最终要返回的结果集进行排序。排序可以基于一个或多个列，并可指定升序(ASC)或降序(DESC)，ASC为默认值。

（7）LIMIT 子句（如果存在且数据库支持）：它通常写在查询的最后，用于限制返回的行数。需要注意的是，其实际处理时机可能因数据库系统的具体实现而有所不同。

> **注意：**
> 虽然上述步骤描述了 SELECT 语句的逻辑执行顺序，但实际的物理执行顺序可能会因数据库查询优化器的不同而有所变化。查询优化器会分析查询语句，并尝试以最高效的方式执行，这可能会改变子句的实际执行顺序。

7.2.5　实例 10：利用 AI 工具快速编写分组相关的 SQL 语句

【实例要求】

现有一张名为 sales 的表，包含以下列：sale_id（销售 ID）、sale_date（销售日期）、product_id（产品 ID）、amount（销售额）。我们需要编写一个 SQL 查询，以产品 ID 为分组依据，计算每个产品的总销售额，并将结果按总销售额降序排序。

【思路分析】

为实现上述要求，需考虑以下关键点。

（1）分组：按照 product_id 对产品进行分组，以便对每个产品的销售额进行聚合。

（2）聚合：使用 SUM 函数对每个分组（每个产品）的 amount 列进行求和，以计算总销售额。

（3）排序：根据总销售额进行降序排序，使销售额最高的产品排在最前面。

（4）选择列：在 SELECT 子句中，需要选择分组列 product_id 和计算得到的总销售额，并为总销售额指定一个别名（如 total_sales），以提高结果集的可读性。

【操作步骤】

我们以 DeepSeek 为例，向其提问以快速编写 SQL 语句。在使用

DeepSeek之前，我们需要清晰地描述需求。

☆提示词：

现有一张名为sales的表，包含以下列：sale_id（销售ID）、sale_date（销售日期）、product_id（产品ID）、amount（销售额）。我们需要编写一个SQL查询，以产品ID为分组依据，计算每个产品的总销售额，并将结果按总销售额降序排序。

☆DeepSeek回答：

现在有一个关于SQL查询的问题，需要根据sales表中的数据，按产品ID分组计算总销售额，并按总销售额降序排序。

首先，需要确认用户的需求。用户可能在进行销售分析，旨在了解哪些产品销量佳，将总销售额最高的产品优先展示。

其次，回顾SQL的基本语法。分组通常使用GROUP BY子句，计算总和需使用SUM函数，排序则用ORDER BY子句，降序需指定DESC关键字。因此，基础查询结构如下。

```
SELECT product_id, SUM(amount) AS total_sales
FROM sales
GROUP BY product_id
ORDER BY total_sales DESC;
```

再次，需要考虑特殊情况。例如，处理NULL值。若amount字段存在NULL，SUM函数会自动忽略。因此，是否需要额外处理NULL值应根据具体业务需求确定。

从次，为计算的总销售额设置别名（如total_sales）是良好的实践。这样在ORDER BY子句中可直接引用别名，避免重复书写SUM(amount)表达式，使代码更清晰且易于维护。

最后，用户的需求是按产品ID分组，因此其他字段（如sale_date）可能无须包含。若需了解每个产品的销售日期范围，应使用聚合函数MIN()和MAX()，但当前需求未提及，故暂不考虑。

此外，通常 product_id 作为唯一标识进行分组操作是合理的。若存在重复的 product_id，则表明数据可能存在异常，但此处我们假设数据是规范的。

用户可能还期望包含每个产品的销售数量或其他统计信息，但根据当前需求仅需总销售额，故保持查询语句简洁。同样，问题中未提及需过滤特定时间段的数据，因此无须 WHERE 子句。

综上所述，正确的 SQL 语句如下。

```
SELECT product_id, SUM(amount) AS total_sales
FROM sales
GROUP BY product_id
ORDER BY total_sales DESC;
```

☆结果说明：

执行上述 SQL 查询后，将得到一个包含两列的结果集：product_id 和 total_sales。每一行对应一个产品及其总销售额。结果集按 total_sales 列的值降序排序，即总销售额从高到低排列。

7.3　本章小结

本章介绍了排序和分组操作的基本概念、实现方法及其在实际应用中的注意事项，旨在帮助读者掌握数据库查询中的核心技能。同时，熟练掌握排序和分组对于提升数据处理效率与结果的准确性至关重要。此外，读者还应学会合理利用 AI 工具快速编写 SQL 语句，以提升工作效率。

7.4　过关练习

1. 编写 SQL 语句。将产品表中的信息按照价格降序、ID 升序的方式排列。

2. 编写SQL语句。按价格分组查询产品信息，并筛选出价格超过2000元的产品信息。

3. 下面的 SQL 语句是否有问题？如果有问题，请编写出正确的SQL语句。

```
SELECT quantity, COUNT(*) AS items
FROM OrderDetail
GROUP BY quantity
HAVING COUNT(*) >= 3
ORDER BY items, quantity;
```

第8章　子查询

　　子查询，作为SQL查询语言中的一项强大功能，以其灵活性和强大的数据处理能力，在数据库查询中扮演着至关重要的角色。它不仅能帮助我们实现复杂的数据筛选和聚合操作，还能通过优化策略显著提升查询效率。本章旨在深入探讨子查询的基本概念、类型、应用场景及优化策略，为数据库开发者和分析师提供实用的指导和参考。

【学习目标】
- 掌握子查询的基本概念，能根据不同场景编写不同的子查询SQL语句。
- 学会利用AI工具快速编写子查询相关的SQL语句。

8.1　认识子查询

　　数据库中的子查询（Subquery）是一个嵌套在其他查询中的查询。子查询可以出现在SELECT语句的列表达式中、FROM子句中（作为临时表）、WHERE子句中、HAVING子句中，或EXISTS、IN等条件表达式中。子查询能够让用户执行更复杂的查询。例如，查询在某个特定条件下的记录，或者比较两个查询的结果。

> 温馨提示：
> 　　子查询的基本类型可分为以下几种。
> （1）标量子查询：返回单个值的子查询，通常用于比较表达式或赋值。
> （2）列子查询：返回一列值的子查询，常与IN等运算符一起使用。
> （3）行子查询：返回一行数据的子查询，常与比较运算符（如=、<>、>、<）一起使用。

（4）表子查询：返回多行多列数据的子查询，通常出现在FROM子句中作为临时表使用。

> **注意：**
> （1）子查询在执行时通常被视为一个独立的查询，其执行顺序可能与书写顺序不同。
> （2）子查询可能会影响查询的性能，特别是在处理大量数据时。优化子查询（如使用连接代替某些子查询）通常是必要的。
> （3）在使用子查询时，需要确保子查询返回的结果符合外部查询的期望。例如，在IN子查询中返回空集可能会导致外部查询不返回任何结果。

8.2 子查询的应用场景

子查询在SQL中具有广泛的应用场景，主要可归纳为以下几个方面。

（1）在WHERE子句中作为过滤条件。

● 单行子查询：当子查询返回单个值时，可在WHERE子句中使用该值过滤记录。例如，查询薪资等于公司最低薪资的员工信息。

● 多行子查询：当子查询返回多个值时，可使用IN、ANY、ALL等运算符与主查询的列进行比较。例如，查询职位与某个部门中任意一个员工职位相同的员工信息。

（2）在FROM子句中作为临时表。

子查询可在FROM子句中作为临时表使用，以便对子查询的结果进行进一步的操作，如分组、排序等。此时，子查询返回的结果集可包含多行多列，但必须为子查询生成的临时表指定别名。

（3）在SELECT子句中作为列值返回。

子查询可在SELECT子句中作为一个计算列返回。这通常用于返回基于聚合函数等的计算结果，如每个员工的薪资与公司平均薪资的比例。

（4）在INSERT、UPDATE和DELETE语句中，注意以下几个方面。

● 在INSERT语句中，子查询可用于定义要插入目标表中的行集。

● 在UPDATE语句中，子查询可用于定义要分配给现有行的一个或多个值。

● 在DELETE语句中，虽然子查询的直接使用相对较少，但可通过与JOIN等结构的结合间接实现基于子查询结果的删除操作。

（5）在CREATE VIEW语句中，子查询可用于定义视图中的行集，从而创建包含复杂查询结果的视图。

> **温馨提示：**
> INSERT、UPDATE、DELETE语句及VIEW（视图）的详细内容将在后续章节介绍。本节旨在说明子查询同样适用于这些操作场景。

8.3 利用子查询精准过滤数据

利用子查询可以精准过滤出想要的数据，同时减少SQL语句的数量。

【示例8-1】查询产品表中价格最高的产品信息。

分析▼

此问题可借助第6章学习的聚集函数解决，先使用聚集函数中的MAX()查询最高价格，再根据该价格查询产品信息。

输入▼

SELECT MAX(price) AS result FROM Products;

输出▼

```
result
------
5000.00
```

从输出结果可见，最高价格为5000元，根据查询出来的最高价格查询产品信息。

输入▼

```
SELECT * FROM Products WHERE price = 5000;
```

输出▼

id	prod_name	description	category_id	price	stock	create_at	update_at
2	华为手机	中国制造	1	5000.00	50	2024-05-19 17:36:55	2024-05-19 17:36:57
4	苹果手机	美国制造	4	5000.00	60	2024-05-19 17:38:35	2024-05-21 00:09:19

从输出结果可见，有两条价格均为5000元的记录。这里我们使用了两条SQL语句查询出最终结果。实际上，使用子查询只需编写一条SQL语句即可。SQL语句如下。

输入▼

```
SELECT * FROM Products WHERE price = (SELECT MAX(price) FROM Products);
```

输出▼

id	prod_name	description	category_id	price	stock	create_at	update_at
2	华为手机	中国制造	1	5000.00	50	2024-05-19 17:36:55	2024-05-19 17:36:57
4	苹果手机	美国制造	4	5000.00	60	2024-05-19 17:38:35	2024-05-21 00:09:19

输出结果与上一步的输出结果相同。此处将前两条SQL语句嵌套使用，这种子查询称为标量子查询。

上述示例仅涉及单表操作。在实际业务中，数据常分布在具有关联关系的多张表中。假设存在以下关联表：订单表（Orders）用于存储用户订单信息；订单详情表（OrderDetail）用于存储订单包含的产品及数量；产品表（Products）用于存储产品信息；用户表（Users）用于存储用户信息。

【示例8-2】查询用户表（Users）中的小王购买了哪些产品。

分析▼

通过查询表的数据结构,可以理清如下思路。

(1)查询用户表(Users)获取"小王"的ID。

(2)通过小王的用户ID查询其订单ID。

(3)通过查询到的订单ID查询订单详情表中的产品ID。

(4)通过产品ID查询产品信息。

我们按此思路分步编写SQL语句。

(1)查询用户表(Users)获取"小王"的ID。

输入▼

```sql
SELECT id FROM Users WHERE username = '小王';
```

输出▼

```
id
----
1
```

从输出结果可见,小王的用户ID为1。

(2)通过小王的用户ID查询其订单ID。

输入▼

```sql
SELECT id FROM Orders WHERE user_id = 1;
```

输出▼

```
id
----
1
3
9
```

从输出结果可见,查询到3条订单ID。

（3）通过查询到的订单ID查询订单详情表中的产品ID。

输入▼

```
SELECT product_id FROM OrderDetail WHERE order_id IN(1, 3, 9);
```

输出▼

```
product_id
----------
1
3
3
```

从输出结果可见，查询到3条产品ID。注意，3出现两次表示不同订单购买了同一产品。

（4）通过产品ID查询产品信息。

输入▼

```
SELECT * FROM Products WHERE id IN(1, 3, 3);
```

输出▼

id	prod_name	description	category_id	price	stock	create_at	update_at
1	小米手机	中国制造	1	2000.00	30	2024-05-19 17:36:29	2024-05-19 17:36:32
3	三星手机	韩国制造	2	4000.00	100	2024-05-19 17:37:22	2024-05-19 17:37:37

最终我们用了4条SQL语句查询到小王购买的产品信息。现在，我们将这4条SQL语句整合为使用多层嵌套子查询的SQL语句。

输入▼

```
SELECT *
FROM Products
WHERE id IN(
    SELECT product_id
```

```
        FROM OrderDetail
        WHERE order_id IN(
            SELECT id
            FROM Orders
            WHERE user_id =(SELECT id
                FROM Users
                WHERE username = '小王'
            )
        )
);
```

输出▼

id	prod_name	description	category_id	price	stock	create_at	update_at
1	小米手机	中国制造	1	2000.00	30	2024-05-19 17:36:29	2024-05-19 17:36:32
3	三星手机	韩国制造	2	4000.00	100	2024-05-19 17:37:22	2024-05-19 17:37:37

> 温馨提示：
> （1）性能考量：在多表关联查询且数据量巨大时，多层嵌套子查询可能导致性能瓶颈，其执行效率可能显著下降。JOIN联表查询通常是更优的选择。
> （2）可读性与维护：复杂的多层子查询语句可读性较差。虽然数据库主要关注语法正确性，但良好的格式化（如使用缩进）和添加注释对于理解和后期维护至关重要。建议使用SQL格式化工具提升代码可读性，并对关键步骤编写注释。

8.4 实例11：利用AI工具快速编写子查询相关的SQL语句

【实例要求】

现有以下两张数据库表。

employees表（员工表）包含字段employee_id（员工ID）、name（员工姓名）、department_id（部门ID）和salary（薪资）。

departments表（部门表）包含字段department_id（部门ID）和department_name（部门名称）。

我们的目标是编写一个SQL查询，找出所有薪资高于其所在部门平均薪资的员工的姓名和薪资。

【思路分析】

完成此查询的核心在于将每位员工的薪资与其所属部门的平均薪资进行比较。这通常需要借助子查询来实现，分析步骤如下。

（1）确定核心需求：查询条件是员工的薪资（salary）需大于其所在部门（department_id）的平均薪资。

（2）分析子查询的作用：需要先计算出每个部门的平均薪资。这可以通过employees表按department_id分组并使用AVG(salary)函数实现。由于主查询需要将每位员工的薪资与其所在部门的平均薪资进行比较，因此计算部门平均薪资的操作适合放在子查询中。

（3）设计子查询：子查询需针对employees表，按department_id分组，并计算每个部门的平均薪资。子查询应返回department_id和对应的dept_avg_salary。

【操作步骤】

我们以DeepSeek为例，向其提问以快速编写相关子查询语句。在使用DeepSeek之前，我们需要清晰地描述需求。

☆提示词：

现有两张数据库表：employees表（员工表）和departments表（部门表）。employees表包含字段employee_id（员工ID）、name（员工姓名）、department_id（部门ID）和salary（薪资）；departments表包含字段department_id（部门ID）和department_name（部门名称）。编写一个SQL查询，找出所有薪资高于其所在部门平均薪资的员工的姓名和薪资。要求使用子查询的方式编写该SQL语句。

☆ DeepSeek 回答：

现在需要解决的问题是：编写一个 SQL 查询，找出所有薪资高于其所在部门平均薪资的员工的姓名和薪资。使用的数据库表为 employees 表和 departments 表，其中 employees 表包含 employee_id、name、department_id 和 salary 字段，departments 表包含 department_id 和 department_name 字段。用户要求用子查询的方式编写该 SQL 语句。

首先，需要理解问题的需求。每个员工所在的部门都有一个平均薪资，需要比较每个员工的薪资是否高于其所在部门的平均薪资。因此，需要先计算每个部门的平均薪资。然后，将每个员工与其所在部门的平均薪资进行比较。

其次，主查询需要将 employees 表与计算部门平均薪资的子查询的结果进行连接，以便将每个员工的薪资与其部门的平均薪资进行比较。连接的条件为 employees.department_id 等于子查询中的 department_id。这样，每条员工记录都会关联到其部门的平均薪资记录。

最后，在主查询的 WHERE 子句中筛选出 salary 大于部门平均薪资的记录。同时，需要考虑部门 ID 在两张表中的一致性问题。例如，departments 表中有部门 ID 但 employees 表中没有对应的员工，或反之。然而，在这个问题中，通常可以假设所有员工的 department_id 都存在于 departments 表中，或者问题本身不涉及此情况，因此暂时可以忽略。

用户提到需要以子查询的方式编写，即需要将子查询放在 WHERE 子句或 SELECT 子句中。使用相关子查询，SQL 语句如下。

```sql
SELECT name, salary
FROM employees e
WHERE salary > (
    SELECT AVG(salary)
    FROM employees
```

```
        WHERE department_id = e.department_id
);
```

步骤解析如下。

（1）主查询（外层查询）：遍历employees表中的每条员工记录（别名为e）。

（2）子查询（内层查询）：针对外层查询中的当前员工记录（e），计算其所属部门（e.department_id）的平均薪资。子查询通过WHERE department_id = e.department_id关联到外层查询的部门ID。

（3）筛选条件：外层查询的WHERE子句判断当前员工的薪资是否大于子查询返回的部门平均薪资，满足此条件的员工记录将被保留。

☆结果说明：

查询结果将列出所有薪资高于其所在部门平均薪资的员工的姓名和薪资。每个员工都会与其所在部门的平均薪资进行比较，只有薪资高于该平均值的员工才会被包含在结果中。

通过这种方式，可以清晰地展示子查询在SQL查询中的重要作用，尤其是在需要基于聚合结果（如平均值、总和等）进行筛选的场景中。

8.5 本章小结

通过本章的学习，我们认识到子查询在数据库查询中的核心地位及其广泛应用。无论是简单的数据过滤，还是复杂的数据聚合和存在性检查，子查询都提供了强大的支持。然而，我们也应意识到，不当使用子查询可能会带来性能问题，影响数据处理效率。因此，掌握子查询的优化策略对于提升数据库查询性能至关重要。同时，合理借助AI工具有助于高效编写SQL语句。

8.6 过关练习

1. 编写SQL语句，在产品表中找出所有库存数量低于平均库存数量的产品名称。

2. 编写SQL语句，找出从未被订购过的产品。

3. 编写SQL语句，查找所有价格低于产品表中最贵产品价格一半以上的产品名称。

第9章 联表查询

随着信息化时代的到来,数据库中的数据表数量急剧增加,数据间的关系也日益复杂。如何高效地组织数据,确保数据的完整性和一致性,并支持复杂的查询需求,成为数据库设计者和管理者必须面对的问题。联表查询作为数据库查询中的一个关键概念,为解决上述问题提供了强有力的支持。本章将深入探讨联表查询的原理、类型及应用场景,旨在帮助读者更好地理解和应用这一重要技术。

【学习目标】
- 掌握联表查询的基础及各种查询类型。
- 学会利用AI工具快速编写联表查询相关的SQL语句。

9.1 认识联表查询

联表查询,也称为连接查询,是数据库查询中的一种重要操作。它允许用户在一个查询中同时引用两个或两个以上的表,并根据表之间的关联条件来检索数据。这种查询通过连接运算符(如JOIN)来实现,能够将分布在多个表中的相关数据整合,形成一个完整的查询结果集。

为什么要使用联表查询呢?其原理在于单一数据库表通常不足以存储所有业务数据。例如,在电商系统中,用户信息、订单记录及商品数据通常分表存储。这样存储既减轻了单表存储的压力,也体现了业务解耦的设计思想。这些表之间具有关联关系,称为关系表。因此,使用联表查询可以将多张表的数据进行整合。

> **温馨提示：**
> 关系表不仅存储单个实体的数据，还通过特定的方式（如外键）与其他表建立联系，从而能够表示更复杂的数据结构和关系。

联表查询的主要目的如下。

（1）数据整合：将分布在多个表中的相关数据整合在一起，形成一个完整、易于理解的数据视图，便于后续的数据分析和处理。

（2）复杂查询：支持执行更复杂的查询操作，如计算跨表的总数、平均值等聚合数据，或者根据多表条件过滤数据。

（3）业务逻辑实现：常用于实现业务逻辑。例如，在社交媒体应用中，通过联表查询可获取用户的好友列表、发布的帖子和评论等。

（4）提高查询效率：相比在应用程序中人工处理多个查询结果，联表查询通常能够更有效地利用数据库系统的优化器来执行查询，从而提高整体的查询效率。

9.2 联表查询类型

在数据库中，联表查询可分为 6 种类型：交叉连接、内连接、左连接、右连接、全外连接和自连接。

9.2.1 CROSS JOIN（交叉连接）

CROSS JOIN（交叉连接）是 SQL 中一种特殊的连接类型。它返回第一个表中的每一行与第二个表中的每一行组合的结果集。换句话说，如果第一个表有 M 行，第二个表有 N 行，那么 CROSS JOIN 的结果集将包含 $M*N$ 行。这种连接类型不依赖任何连接条件，生成的是笛卡儿积。

> **温馨提示：**
> 笛卡儿积是集合论中的一个基本概念，由法国数学家笛卡儿首次引入。它描述了两个集合之间所有可能的有序对的集合。笛卡儿积的元素数量等于两个集合的元素数量的乘积。如果集合 A 有 m 个元素，而集合 B 有 n 个元素，

> 那么 $A \times B$ 就有 $m \times n$ 个元素。

交叉连接的语法如下。

> **语法**：SELECT columns
> FROM table1
> CROSS JOIN table2;
> --或者，在某些数据库系统中，你也可以使用逗号来隐式地表示交叉连接
> SELECT columns
> FROM table1, table2;

> **说明**：
> 交叉连接不需要加WHERE条件。

【示例9-1】使用交叉连接查询订单详情表和产品表中的产品ID、产品名称、产品价格及订单数量。

输入▼

SELECT a.id, a.prod_name, a.price, b.quantity
FROM Products AS a
CROSS JOIN OrderDetail AS b;

输出▼

id	prod_name	price	quantity
----	-----------	---------	----------
1	小米手机	2000.00	1
2	华为手机	5000.00	1
3	三星手机	4000.00	1
4	苹果手机	5000.00	1
5	vivo手机	2000.00	1
6	谷歌手机	3000.00	1
1	小米手机	2000.00	2
2	华为手机	5000.00	2
3	三星手机	4000.00	2

4	苹果手机	5000.00	2
5	vivo手机	2000.00	2
6	谷歌手机	3000.00	2
1	小米手机	2000.00	4
2	华为手机	5000.00	4
3	三星手机	4000.00	4
4	苹果手机	5000.00	4
5	vivo手机	2000.00	4
6	谷歌手机	3000.00	4
1	小米手机	2000.00	3
2	华为手机	5000.00	3
3	三星手机	4000.00	3
4	苹果手机	5000.00	3
5	vivo手机	2000.00	3
6	谷歌手机	3000.00	3
1	小米手机	2000.00	2
2	华为手机	5000.00	2
3	三星手机	4000.00	2
4	苹果手机	5000.00	2
5	vivo手机	2000.00	2
6	谷歌手机	3000.00	2
1	小米手机	2000.00	5
2	华为手机	5000.00	5
3	三星手机	4000.00	5
4	苹果手机	5000.00	5
5	vivo手机	2000.00	5
6	谷歌手机	3000.00	5
1	小米手机	2000.00	3
2	华为手机	5000.00	3
3	三星手机	4000.00	3
4	苹果手机	5000.00	3
5	vivo手机	2000.00	3
6	谷歌手机	3000.00	3

1	小米手机	2000.00	9
2	华为手机	5000.00	9
3	三星手机	4000.00	9
4	苹果手机	5000.00	9
5	vivo手机	2000.00	9
6	谷歌手机	3000.00	9
1	小米手机	2000.00	4
2	华为手机	5000.00	4
3	三星手机	4000.00	4
4	苹果手机	5000.00	4
5	vivo手机	2000.00	4
6	谷歌手机	3000.00	4
1	小米手机	2000.00	1
2	华为手机	5000.00	1
3	三星手机	4000.00	1
4	苹果手机	5000.00	1
5	vivo手机	2000.00	1
6	谷歌手机	3000.00	1

分析▼

从输出结果可见，总共输出了60条数据。这是因为订单详情表中有10条数据，产品表中有6条数据，所以通过交叉连接查询得到了60条数据。

> **温馨提示：**
> 上述SQL语句使用了表别名。表别名是为表指定的临时名称，用于简化查询语句的编写和阅读。通过使用别名，可以在查询中引用表时使用较短的名称，特别是当表名很长或需要多次引用同一个表时。表别名通常在FROM子句中使用AS关键字定义。值得注意的是，在Oracle数据库中不支持AS关键字，直接使用别名即可。

> **注意：**
> （1）交叉连接可能会生成非常大的结果集，特别是当连接的表包含大量行时，直接使用交叉连接可能没有太大意义。
> （2）在大多数情况下，可以结合其他类型的连接（如内连接、外连接）和WHERE子句来限制结果集的大小和范围。
> （3）交叉连接在某些情况下是有用的。例如，当用户需要生成一个包含所有可能组合的临时结果集（如测试数据、计算组合可能性），然后基于这个临时结果集进行进一步的筛选或计算时。

9.2.2 INNER JOIN（内连接）

INNER JOIN（内连接）查询操作会返回两个表中匹配连接条件的所有行。如果表中有至少一个匹配，则返回结果行。如果表中有不匹配的行，则这些行不会出现在查询结果中。

内连接可以理解为两个集合的交集。如果有两个集合 A 和集合 B，两个集合的重叠部分就表示内连接查询出来的结果。内连接示意图，如图 9-1 所示。

图9-1 内连接示意图

> **语法：** SELECT columns
> FROM table1
> INNER JOIN table2
> ON table1.common_field = table2.common_field
> WHERE condition;

> **说明：**
> table1 和 table2 是要连接的两个表；common_field 是两个表中用于匹配记录的公共字段。table1.common_field 表示表的完全限定名（用一个句点分隔表名和列名）。使用完全限定名或表别名可以避免在引用列时出现歧义。WHERE condition 是可选的，根据实际情况使用WHERE语句。

> **温馨提示:**
> 　　如果内连接查询超过了2张表该如何编写SQL语句呢?其实非常简单,只需继续追加INNER JOIN table_name即可。例如,连接3张表的语法如下。
>
> ```
> SELECT columns
> FROM table1
> INNER JOIN table2
> ON table1.common_field = table2.common_field
> INNER JOIN table3
> ON table1.common_field = table3.common_field
> WHERE condition;
> ;
> ```

【示例9-2】使用内连接查询订单详情表和产品表中的产品ID、产品名称、产品价格及订单数量。

输入▼

```
SELECT a.id, a.prod_name, a.price, b.quantity
FROM Products AS a
INNER JOIN  OrderDetail AS b
 ON a.id = b.product_id;
```

输出▼

id	prod_name	price	quantity
----	-----------	---------	----------
1	小米手机	2000.00	1
2	华为手机	5000.00	2
3	三星手机	4000.00	4
4	苹果手机	5000.00	3
5	vivo手机	2000.00	2
6	谷歌手机	3000.00	5
1	小米手机	2000.00	3
2	华为手机	5000.00	9

| 3 | 三星手机 | 4000.00 | 4 |
| 3 | 三星手机 | 4000.00 | 1 |

分析▼

从输出结果可见，总共输出了10条数据。订单详情表中存在10条数据，且每条数据的产品ID均能在产品表中找到对应的记录，因此内连接查询返回了全部10条数据。

> **注意：**
> （1）INNER JOIN是默认的连接类型。如果仅使用JOIN关键字而未指定类型，多数数据库系统会将其视为INNER JOIN。
> （2）在连接多个表时，可以连续使用多个INNER JOIN或JOIN语句。
> （3）如果连接条件（ON子句）未找到任何匹配的行，则该行不会出现在结果集中。

9.2.3　LEFT JOIN（左连接）

LEFT JOIN（左连接）用于组合两个或多个表中的行。在使用LEFT JOIN时，结果集将包括左表（LEFT JOIN语句中指定的第一个表）的所有行，即使右表中没有匹配的行。如果右表中存在与左表相匹配的行，则这些行的列值将在结果集中显示；如果右表中没有匹配的行，则结果集中这些行的列值将显示为NULL。图9-2展示了左连接示意图，图中的阴影部分代表左连接查询出来的结果。

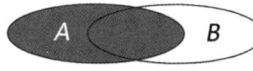

图9-2　左连接示意图

语法：SELECT columns
FROM table1
LEFT JOIN table2
ON table1.common_field = table2.common_field
WHERE condition;

说明：
- columns：指定想要从查询中检索的列。

- table1:左表,即 LEFT JOIN 语句中指定的第一个表。
- table2:右表,即与左表进行连接的表。
- common_field:用于连接两个表的共同字段。
- WHERE condition:可选的筛选条件,根据实际情况添加 WHERE 语句。

【示例 9-3】使用左连接查询订单详情表和产品表中的产品 ID、产品名称、产品价格及订单数量。

输入▼

```
SELECT  a.id, a.prod_name, a.price, b.quantity
FROM Products AS a
LEFT JOIN  OrderDetail AS b
ON a.id = b.product_id;
```

输出▼

id	prod_name	price	quantity
----	----------	---------	----------
1	小米手机	2000.00	1
2	华为手机	5000.00	2
3	三星手机	4000.00	4
4	苹果手机	5000.00	3
5	vivo手机	2000.00	2
6	谷歌手机	3000.00	5
1	小米手机	2000.00	3
2	华为手机	5000.00	9
3	三星手机	4000.00	4
3	三星手机	4000.00	1

分析▼

从输出结果可见,该数据集包含了左表的全部 10 条记录。值得注意的是,当左表中的某条记录在右表中没有对应的匹配项时,结果集中该记录对应的右表字段值将显示为 NULL。这种机制确保了左表中数据的完整性，即使右表中无相应记录，左表中的数据也不会被遗漏。

9.2.4 RIGHT JOIN（右连接）

RIGHT JOIN（右连接）与 LEFT JOIN（左连接）相反。在使用 RIGHT JOIN 时，结果集将包含右表（RIGHT JOIN 语句中指定的第二个表）的所有行，即使左表中没有匹配的行。如果左表中存在与右表相匹配的行，则这些行的列值将在结果集中显示；如果左表中没有匹配的行，则结果集中这些行的列值将显示为 NULL。图 9-3 展示了右连接示意图，图中的阴影部分代表右连接查询出来的结果。

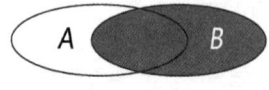

图 9-3　右连接示意图

语法：SELECT columns
FROM table1
RIGHT JOIN table2
ON table1.common_field = table2.common_field
WHERE condition;

【示例 9-4】使用右连接查询订单详情表和产品表中的产品 ID、产品名称、产品价格及订单数量。

输入▼

SELECT a.id, a.prod_name, a.price, b.quantity
FROM Products AS a
RIGHT JOIN OrderDetail AS b
ON a.id = b.product_id;

输出▼

id	prod_name	price	quantity
1	小米手机	2000.00	1
2	华为手机	5000.00	2
3	三星手机	4000.00	4

4	苹果手机	5000.00	3
5	vivo手机	2000.00	2
6	谷歌手机	3000.00	5
1	小米手机	2000.00	3
2	华为手机	5000.00	9
3	三星手机	4000.00	4
3	三星手机	4000.00	1

分析▼

从输出结果可见,其与左连接(LEFT JOIN)的输出结果一致。这是因为在当前数据关系下,订单详情表与产品表基于连接键的记录能够完全匹配(即订单详情表中包含了产品表的10条对应记录)。因此,无论是使用左连接(LEFT JOIN)还是右连接(RIGHT JOIN),查询结果均相同。

> **注意:**
>
> 需要注意的是,RIGHT JOIN在涉及多表连接时,可能使查询逻辑变得难以理解。此时,通过适当调整表顺序使用LEFT JOIN,或采用子查询,通常能提升查询语句的清晰度。此外,部分数据库系统(如PostgreSQL)支持FULL OUTER JOIN,该连接方式可同时返回左表与右表中所有不匹配的记录,因此有时可作为LEFT JOIN或RIGHT JOIN的替代方案。

9.2.5 FULL OUTER JOIN(全外连接)

FULL OUTER JOIN(全外连接)结合了LEFT JOIN(左连接)和RIGHT JOIN(右连接)的特点。在使用FULL OUTER JOIN时,结果集将包含左表(FULL OUTER JOIN语句中指定的第一个表)和右表(第二个表)中的所有行。如果左表中的行在右表中有匹配的行,则这些行的列值将在结果集中显示;同样,如果右表中的行在左表中有匹配的行,则这些行的列值也将显示。如果左表中的行在右表中没有匹配的行,则结果集中这些行对应的右表列值将显示为NULL;反之亦然。图9-4展示了全外连接示意图,图中的阴影部分代表全外连接查询出

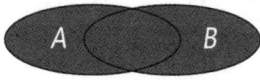

图9-4 全外连接示意图

来的结果。

> 语法：SELECT columns
> FROM table1
> FULL OUTER JOIN table2
> ON table1.common_field = table2.common_field
> WHERE condition;

【示例9-5】使用全外连接查询订单详情表和产品表中的产品ID、产品名称、产品价格及订单数量。

输入▼

> SELECT a.id, a.prod_name, a.price, b.quantity
> FROM Products AS a
> FULL OUTER JOIN OrderDetail AS b
> ON a.id = b.product_id;

输出▼

id	prod_name	price	quantity
1	小米手机	2000.00	1
2	华为手机	5000.00	2
3	三星手机	4000.00	4
4	苹果手机	5000.00	3
5	vivo手机	2000.00	2
6	谷歌手机	3000.00	5
1	小米手机	2000.00	3
2	华为手机	5000.00	9
3	三星手机	4000.00	1

分析▼

从输出结果可见，全外连接查询的结果集包括了订单详情表和产品表的所有行。

> **温馨提示：**
> 　　并非所有的数据库都原生支持全外连接查询，以下是一些不支持全外连接的情况及模拟方法。
> 　　（1）MySQL：MySQL不支持FULL OUTER JOIN。可通过组合LEFT JOIN和RIGHT JOIN的结果，并使用UNION（去重）或UNION ALL（保留所有行，包括重复）来模拟实现全外连接的效果。需要注意处理数据重复和NULL值问题。
> 　　（2）SQLite：SQLite同样不支持FULL OUTER JOIN，与MySQL类似，可以使用LEFT JOIN和RIGHT JOIN结合UNION或UNION ALL来模拟全外连接的效果。
> 　　（3）其他数据库：部分较旧版本的数据库系统也可能不支持FULL OUTER JOIN。然而，主流的现代关系型数据库管理系统（RDBMS），如Oracle、Microsoft SQL Server、PostgreSQL等，均提供对FULL OUTER JOIN的原生支持。
> 　　MySQL模拟实现（示例9-5改写）如下。
>
> SELECT a.id, a.prod_name, a.price, b.quantity
> FROM Products AS a
> LEFT JOIN OrderDetail AS b ON a.id = b.product_id
> UNION
> SELECT a.id, a.prod_name, a.price, b.quantity
> FROM Products AS a
> RIGHT JOIN OrderDetail AS b ON a.id = b.product_id;

9.2.6　SELF JOIN（自连接）

　　SELF JOIN（自连接）是SQL中的一种特殊连接查询，指对同一个表进行连接操作。自连接通过将表中的不同行视为不同来源的数据进行关联，以满足特定的查询需求。

> **语法：** SELECT column_name(s)
> FROM table1 AS T1
> JOIN table1 AS T2

```
ON T1.common_field = T2.related_field
WHERE condition;
--不使用JOIN关键字（隐式连接）
SELECT column_name(s)
FROM table1 AS T1, table1 AS T2
WHERE T1.common_field = T2.related_field
AND condition;
```

【示例9-6】使用自连接查询产品表中库存数量大于0的产品信息，包含产品ID、产品名称、产品价格及库存数量。

输入▼

```
SELECT  a.id, a.prod_name, a.price, a.stock
FROM Products AS a,
Products AS b
WHERE a.id = b.id
AND a.stock > 0;
```

输出▼

id	prod_name	price	stock
1	小米手机	2000.00	30
2	华为手机	5000.00	50
3	三星手机	4000.00	100
4	苹果手机	5000.00	60
5	vivo手机	2000.00	200
6	谷歌手机	3000.00	20

分析▼

　　从输出结果可见，产品表中的所有数据均被查询出来，原因在于该表中产品的库存数量均大于0。

> **注意：**
> （1）在使用自连接时，务必使用别名区分表中的不同实例，以避免混淆。
> （2）自连接可能导致结果集行数大幅增加，尤其是在连接条件选择性较低时。因此，编写自连接查询应仔细考量连接条件和实际需求，避免不必要的性能损耗。
> （3）某些情况下，自连接可能并非最高效的解决方案。例如，当数据量极大且存在更高效的查询方式（如使用子查询或窗口函数）时，应优先考虑替代方案。

9.3 实例12：利用AI工具快速编写联表查询相关的SQL语句

【实例要求】

现有两张数据库表：students表（学生表）和courses表（课程表），需要通过联表查询找出所有学生及其所选课程的信息。其中，students表包含学生ID（student_id）、学生姓名（name）等字段；courses表包含课程ID（course_id）、课程名称（course_name）及对应的学生ID（student_id，作为外键）。

【思路分析】

（1）明确查询目标：需要查询的结果是每位学生的姓名（students.name）及其选修的课程名称（courses.course_name）。这涉及基于student_id字段关联students和courses两张表。

（2）选择连接类型：本案例的核心需求是获取所有学生的信息，包括那些可能没有选课记录的学生。为实现此需求，应使用LEFT JOIN（左连接）。LEFT JOIN会返回左表（students）的所有记录，即使在右表（courses）中没有匹配的记录。对于未选课的学生，其对应的course_name字段将显示为NULL。

若仅需查询已选课的学生信息，可使用INNER JOIN（内连接）。因本实例要求查询所有学生，故LEFT JOIN更合适。

【操作步骤】

我们以 ChatGPT 为例,向其提问以快速编写联表查询语句。在使用 ChatGPT 之前,我们需要清晰地描述需求。

☆提示词:

现有两张数据库表:students(学生表)和 courses(课程表),需要通过联表查询找出所有学生及其所选课程的信息。其中,students 表包含学生 ID(student_id)、学生姓名(name)等字段;courses 表包含课程 ID(course_id)、课程名称(course_name)及对应的学生 ID(student_id,作为外键)。请生成一个 SQL 查询语句,找出所有学生及其所选课程的信息。

☆ChatGPT 回答:

为了通过联表查询找出所有学生及其所选课程的信息,可以使用 INNER JOIN(内连接)来连接 students 和 courses 表。内连接会返回两个表中匹配的记录,即在 students 和 courses 表中都有对应 student_id 的记录。

以下是相应的 SQL 查询语句。

```sql
SELECT students.student_id,
       students.name AS student_name,
       courses.course_id,
       courses.course_name
FROM students
INNER JOIN courses
ON students.student_id = courses.student_id;
```

该查询语句实现了以下功能。

(1)从 students 表中选择 student_id 列和 name 列(为提升可读性,将 name 列别名为 student_name)。

(2)从 courses 表中选择 course_id 列和 course_name 列。

(3)通过 INNER JOIN 将 students 表和 courses 表进行连接,连接

条件为 students.student_id=courses.student_id。此连接条件意味着仅当两个表中存在相同的 student_id 记录时，这些关联记录才会被包含在结果集中。

若想看到没有选择任何课程的学生，我们继续向 ChatGPT 提问。

☆提示词：

现有两张数据库表：students（学生表）和 courses（课程表），需要通过联表查询没有选择任何课程的学生。请生成一个 SQL 查询语句，找出那些没有选择任何课程的学生。

☆ChatGPT 回答：

要查询那些没有选择任何课程的学生，需要使用 LEFT JOIN 子句。当使用 LEFT JOIN 时，如果左表（students）中的行在右表（courses）中没有匹配的行，则结果集中右表的部分将包含 NULL。我们可以利用这一点过滤出没有选择任何课程的学生。

SQL 查询语句如下。

```
SELECT
    students.student_id,
    students.name AS student_name
FROM
    students
LEFT JOIN
    courses ON students.student_id = courses.student_id
```

☆结果说明：

执行上述 SQL 查询语句后，将得到一个结果集，其中包含所有学生的姓名和他们所选的课程名称。每一行代表一个学生及其所选的一门课程（如果一个学生选了多门课程，则会出现多行）。

对于没有选课的学生，其对应的 course_id 和 course_name 字段将显示为 NULL。

9.4 联表查询的优化策略

在实际业务场景中，联表查询是最常见的查询方式之一。相较于单表查询，联表查询的 SQL 语句通常更为复杂，其性能优化尤为重要。以下针对复杂联表查询列举若干关键优化策略。

1. 索引优化

（1）创建合适的索引：在联表查询中，为连接字段（JOIN 条件中的列）和 WHERE 子句中的筛选条件字段创建索引，可以显著提高查询性能，减少全表扫描的需求。

（2）选择区分度高的列作为索引：优先选择值唯一或区分度高的列创建索引，以提高索引的过滤效率。

（3）使用组合索引：若查询条件涉及多个列，可考虑创建覆盖这些列的组合索引。组合索引有助于减少查询过程中的回表操作，提升效率。

（4）控制索引数量：索引虽能提升查询性能，但维护过多的索引会增加数据更新时的开销。因此，需权衡查询性能与数据维护成本，合理控制索引数量。

2. 查询语句优化

（1）选择合适的连接方式：根据查询逻辑需求（是否需要包含无匹配的行）及表数据量大小，审慎选择 INNER JOIN、LEFT JOIN、RIGHT JOIN、FULL JOIN 等连接方式。避免因连接方式不当导致不必要的数据重复或无效的全表扫描。

（2）限制返回的列：在 SELECT 子句中仅指定必需的列，避免返回过多不必要的数据，以减少网络传输、内存消耗及后续数据处理的开销。

（3）优化 WHERE 子句：确保 WHERE 子句中的条件能够利用索引，避免使用导致索引失效的操作，如模糊查询时通配符放在左边、对索引列进行运算或处理等。

（4）使用分页查询：对于大数据量的联表查询，可以考虑使用分页查询，一次查询少量数据，减少单次查询的时间和资源消耗。

3. 数据库和表结构优化

（1）避免跨库查询：在可能的情况下，尽量避免跨数据库查询，以减少数据传输和连接时间。

（2）使用临时表：对于复杂的联表查询，可以考虑创建临时表来存储中间结果，减少多次查询和连接的开销。

（3）设计冗余字段：如果查询的字段不多，且该字段的查询频率较高，可以考虑设计冗余字段，将多表查询简化为单表查询，提高查询效率。

9.5 本章小结

通过本章的学习，我们深入掌握了联表查询的核心类型，包括内连接、左连接、右连接、全外连接等，并结合实例阐述了其在数据查询中的灵活应用。同时，我们系统地学习了联表查询的优化策略，以提高查询效率。此外，我们还探讨了利用 AI 工具以快速生成联表查询 SQL 语句的方法，从而帮助我们更高效、更准确地完成数据查询任务。

9.6 过关练习

1. 编写 SQL 语句，统计每个用户的订单总数和总消费金额。

2. 编写 SQL 语句，找出哪些产品从未被任何订单包含过。

3. 编写 SQL 语句，查询每个订单中每种产品的总销售额。

第10章　组合查询

本章旨在深入探讨组合查询中 UNION 和 UNION ALL 的工作原理、使用场景及性能优化策略，帮助读者更好地理解两者的区别，以便在数据库查询中合理选用。无论是需要去除重复记录以确保数据的唯一性，还是保留所有记录进行深入分析，UNION 和 UNION ALL 都是不可或缺的数据处理工具。

【学习目标】
- 掌握 UNION 和 UNION ALL 的核心功能与差异。
- 掌握编写 UNION 和 UNION ALL SQL 语句的方法。
- 学会利用 AI 工具快速编写 UNION 和 UNION ALL 相关的 SQL 语句。

10.1　合并去重：UNION

在数据库查询中，UNION 运算符用于合并两个及以上 SELECT 语句的结果集，并自动去除重复行，返回唯一、去重后的结果集。这对于需要整合多源数据且确保记录唯一性的场景非常有用。

> 语法：SELECT column_name(s) FROM table1
> UNION
> SELECT column_name(s) FROM table2;

> 说明：
> 　　column_name(s) 代表可以包含多个列名。这里 UNION 并非只能组合查询不同的两张表，它可以组合查询无数张表，具体可根据业务需求决定。

> **注意：**
> （1）列的数量和类型：每个SELECT语句中选择的列数必须相同，并且对应列的数据类型需要兼容，以便能够合并。
> （2）去重：UNION会自动去除结果集中的重复行。如果两个或多个SELECT语句返回了完全相同的行（所有列的值均相同），那么这些行在最终的结果集中仅出现一次。
> （3）排序：默认情况下，UNION不保证结果集的顺序。如果需要结果集按照特定的顺序排列，必须在整个UNION查询的最后使用ORDER BY子句。
> （4）默认的行为：如果不显式使用UNION，仅简单地将两个或多个SELECT语句放在一起（未使用任何合并运算符），在大多数数据系统中通常无效，并会引发报错。

UNION 的典型使用场景如下。

（1）跨表查询合并。

当所需信息分布于结构相似（具有相同或兼容列）的不同表中时，可使用UNION合并查询结果。例如，查询分别存储今年与去年销售数据的两个表，获取去除重复记录的所有两年销售记录。

（2）数据汇总与去重。

进行数据汇总或报告时，常需整合来自多个源的数据，并确保最终结果集无重复记录。UNION可有效实现该目标，保证汇总数据的准确性与唯一性。

（3）数据清洗与整合。

在数据清洗与整合过程中，若多个数据源存在重复数据，可使用UNION去除所有列值均相同的行，从而获得洁净、去重的数据集。需注意，UNION仅基于所有列值的完全匹配去重；若仅部分列值相同，则仍视为不同记录。

（4）统一查询结果格式。

当需要执行多个检索不同条件数据的查询，但要求结果集合并为统一格式以供后续处理时，可使用UNION。通过选择相同列或使用别名确保各查询结果集的列结构兼容，即可实现合并。

（5）性能考量（特定场景）。

尽管UNION因去重操作在处理大量数据时可能影响性能，但在特定场景下有其优势。例如，若明确知晓两个查询结果集无重复记录，使用UNION ALL（不去重）更为高效；若需确保数据准确性而必须去重，则UNION是必要选择。此外，合理设计查询并利用索引可进一步提升UNION查询性能。

（6）简化复杂查询。

处理复杂查询逻辑时，可将其拆解为多个简单查询，再使用UNION合并结果。此方法有助于简化查询语句的编写与维护，提升代码的可读性与可维护性。

【示例10-1】分别查询产品描述为"中国制造"的手机和产品名称为"小米手机"的产品，然后通过UNION组合查询并去重。

（1）查询产品描述为"中国制造"的手机，其SQL语句如下。

输入▼

```
SELECT * FROM Products WHERE description = '中国制造';
```

输出▼

id	prod_name	description	category_id	price	stock	create_at	update_at
----	---------	---------	---------	-------	----	--------------	----------
1	小米手机	中国制造	1	2000.00	30	2024-05-19 17:36:29	2024-05-19 17:36:32
2	苹果手机	美国制造	4	5000.00	60	2024-05-19 17:38:35	2024-05-19 17:38:37
5	vivo手机	中国制造	1	2000.00	200	2024-05-01 00:09:19	2024-05-07 00:09:23

（2）查询产品名称为"小米手机"的产品，其SQL语句如下。

输入▼

```
SELECT * FROM Products WHERE prod_name = '小米手机';
```

输出▼

id	prod_name	description	category_id	price	stock	create_at	update_at
1	小米手机	中国制造	1	2000.00	30	2024-05-19 17:36:29	2024-05-19 17:36:32

（3）UNION组合查询并去重，其SQL语句如下。

输入▼

```
SELECT * FROM Products WHERE description = '中国制造'
UNION
SELECT * FROM Products WHERE prod_name = '小米手机';
```

输出▼

id	prod_name	description	category_id	price	stock	create_at	update_at
1	小米手机	中国制造	1	2000.00	30	2024-05-19 17:36:29	2024-05-19 17:36:32
2	苹果手机	美国制造	4	5000.00	60	2024-05-19 17:38:35	2024-05-19 17:38:37
5	vivo手机	中国制造	1	2000.00	200	2024-05-01 00:09:19	2024-05-07 00:09:23

从输出结果可见，组合查询结果应该有4条记录，因为UNION运算符能够去重，所以这里最终输出3条记录。

> **注意：**
> - 通过UNION组合查询时，每个SELECT语句选择的列数必须相同且对应列的数据类型兼容，否则将引发错误。
> - 若对应列指定的别名不同，结果集默认采用第一个SELECT语句中的列名。

10.2 合并保留重复：UNION ALL

UNION ALL是SQL中的操作符，用于合并两个或多个SELECT语句的结果集。其与UNION的核心区别在于：UNION ALL会保留结果集中的所有行（包括重复行）。这意味着，若多个SELECT语句返回了完全相同的行，这些行在最终结果集中将全部保留。

> **语法**：SELECT column_name(s) FROM table1
> UNION ALL
> SELECT column_name(s) FROM table2;

UNION ALL 的典型使用场景如下。

（1）性能优化。

当确认合并结果集无重复行，或可接受重复数据时，使用 UNION ALL 可避免去重操作的开销，显著提升查询性能。

（2）保留完整记录。

需完整保留不同数据源记录的场景（即使存在重复）。例如，追踪业务流程的多个步骤（各步骤可能生成相同记录），使用 UNION ALL 可确保所有操作痕迹完整保留。

（3）数据聚合与展示。

在聚合多源数据进行展示且数据唯一性非关键指标时，UNION ALL 是更优选择。

【示例10-2】分别查询产品描述为"中国制造"的手机和产品名称为"小米手机"的产品，然后通过 UNION ALL 组合查询。

输入▼

```
SELECT * FROM Products WHERE description = '中国制造'
UNION ALL
SELECT * FROM Products WHERE prod_name = '小米手机';
```

输出▼

id	prod_name	description	category_id	price	stock	create_at	update_at
1	小米手机	中国制造	1	2000.00	30	2024-05-19 17:36:29	2024-05-19 17:36:32
2	苹果手机	美国制造	4	5000.00	60	2024-05-19 17:38:35	2024-05-19 17:38:37

5	vivo手机	中国制造	1	2000.00	200	2024-05-01 00:09:19	2024-05-07 00:09:23
1	小米手机	中国制造	1	2000.00	30	2024-05-19 17:36:29	2024-05-19 17:36:32

分析▼

输出结果包含4条数据，符合预期。因为使用UNION ALL 未去除重复行。若需按价格升序排序，可在整个UNION ALL查询的最后添加ORDER BY子句。其SQL语句如下。

输入▼

```
SELECT * FROM Products WHERE description = '中国制造'
UNION ALL
SELECT * FROM Products WHERE prod_name = '小米手机' ORDER BY price ASC;
```

输出▼

id	prod_name	description	category_id	price	stock	create_at	update_at
----	------	---------	----------	-------	----	--------------	----------
1	小米手机	中国制造	1	2000.00	30	2024-05-19 17:36:29	2024-05-19 17:36:32
1	小米手机	中国制造	1	2000.00	30	2024-05-19 17:36:29	2024-05-19 17:36:32
5	vivo手机	中国制造	1	2000.00	200	2024-05-01 00:09:19	2024-05-07 00:09:23
2	苹果手机	美国制造	4	5000.00	60	2024-05-19 17:38:35	2024-05-19 17:38:37

注意：

ORDER BY子句必须置于整个UNION ALL查询之后，待所有结果集合并完成后再进行排序。若在每个SELECT语句后分别添加ORDER BY语句，则执行SQL语句将会报错。

错误的SQL语句写法示例如下。

```
SELECT * FROM Products WHERE description = '中国制造' ORDER BY price ASC
UNION ALL
SELECT * FROM Products WHERE prod_name = '小米手机' ORDER BY price ASC;
```

10.3 实例13：利用AI工具快速编写UNION和UNION ALL语句

【实例要求】

现有两张结构相同的数据库表：employees（员工表）和former_employees（前员工表），均包含employee_id（员工ID）、name（姓名）和department（部门）字段。

我们的目标是根据不同需求场景合并两张表的数据，分别展示UNION和UNION ALL的差异。

场景一（使用UNION）：合并employees和former_employees表的数据，并去除重复的员工记录。

场景二（使用UNION ALL）：合并employees和former_employees表的数据，保留所有记录（包括重复记录）。

【思路分析】

对于UNION：该运算符会自动去除重复的行，我们只需编写两条SELECT语句，分别查询employees和former_employees表，并用UNION连接即可。

对于UNION ALL：该运算符会保留所有查询结果，包括重复的记录。同样编写两条SELECT语句，分别查询employees和former_employees表，但这次使用UNION ALL来连接。

【操作步骤】

我们以DeepSeek为例，向其提问以快速编写SQL语句。在使用DeepSeek之前，我们需要清晰地描述需求。

☆提示词：

现有两张结构相同的数据库表：employees（员工表）和former_employees（前员工表），均包含employee_id（员工ID）、name（姓名）和department（部门）字段。请编写SQL语句，合并employees和former_employees表的数据，并去除重复的员工记录。

☆DeepSeek回答：

现在需要合并数据库表employees和former_employees，并且要去除重复的记录。这两张表结构相同，都包含employee_id、name和department字段。用户要求使用UNION来合并，同时去除重复项。

首先，回顾SQL中UNION和UNIONALL的区别。UNION会自动去除重复的行，而UNIONALL会保留所有行，包括重复的行。因此，用户要求去除重复项，应使用UNION运算符。

其次，需要明确如何判断记录是否重复。根据题目描述，重复的员工记录通常指employee_id相同，因为员工ID一般是唯一标识符。但需要确认name和department字段是否也相同。通常，employee_id是主键，仅凭其相同即可视为同一员工，即使其他字段不同。但题目可能要求3个字段都相同才算重复。在实际应用中，employee_id的唯一性约束更为关键。

假设题目定义的重复是指所有字段值都相同，那么直接使用UNION即可达到去重目的。

然而，更现实的情况可能是：只要employee_id相同即视为重复（无论name或department是否变化）。例如，如果employees表中有一个员工的ID为1，姓名是Alice，部门是A，而former_employees表中也有一个员工的ID为1，但姓名是Bob，部门是B，那么UNION会认为这是两条不同的记录，因为其他字段不同。如果仅凭employee_id去重，这两条记录应被视为同一员工的不同记录，需要合并为一条。但使用UNION会比较所有字段的值，认为（1, Alice, A）和（1, Bob, B）是不同的行，不会将其去除。此时，直接使用UNION无法满足仅按employee_id去重的需求。

题目要求"去除任何重复的员工记录"。若其意指去除所有字段完全相同的记录，使用UNION是正确且足够的。若其意指按employee_id去重（即使其他信息不同），则需额外处理（如先按employee_id分组选择最新或特定记录），仅靠UNION无法实现。

最后，在题目未明确定义"重复"标准（所有字段相同vs.仅employee_id相同）的情况下，最符合当前描述的方案是使用UNION。这能确保合并结果中去除所有字段值完全相同的行。

SQL语句如下。

```sql
SELECT employee_id, name, department
FROM employees
UNION
SELECT employee_id, name, department
FROM former_employees
ORDER BY employee_id;
```

☆提示词：

合并employees和former_employees表的数据，保留所有记录，包括重复的员工记录。

☆DeepSeek回答：

用户的新需求是合并employees和former_employees两张表，但保留所有记录（包括重复项）。这表明用户可能需要同时查看两张表中员工的所有信息，即使存在重复记录。

首先，需要明确用户的新需求。之前使用UNION是为了去除重复记录，现在用户希望保留所有记录，这意味着需要保留所有员工信息，包括重复出现的条目。

其次，需要选择合适的SQL运算符。UNION会自动去除重复行，而UNION ALL则会保留所有行（包括重复行）。因此，应使用UNION ALL满足当前需求。

最后，构造SQL语句。由于两张表结构相同（均包含employee_id、name、department字段），可以直接对应字段进行合并。使用UNION ALL连接两个SELECT语句，分别从employees和former_employees表中选择所有字段即可。

同时，需提醒用户：UNION ALL 不会执行任何去重操作。如果存在完全相同的记录（所有字段值均相同），它们都将被保留在结果集中。若用户需要区分记录来源（如标识某条记录属于当前员工表还是前员工表），可考虑在查询中添加一个来源标记字段（如 current 或 former）。

综上所述，用户需合并表并保留所有记录（含重复项），使用 UNION ALL 即可实现。

SQL 语句如下。

```
SELECT employee_id, name, department
FROM employees
UNION ALL
SELECT employee_id, name, department
FROM former_employees;
```

☆结果说明：

（1）UNION 结果：如果结果集中每个员工(employee_id)仅出现一次，即使该员工在两个表中均有记录，则证明 UNION 成功去除了重复行。

（2）UNION ALL 结果：如果结果集包含了来自 employees 和 former_employees 表的所有记录，且当两张表中存在完全相同的记录（所有字段值均相同）时，这些重复记录也完整出现在结果集中，则证明 UNION ALL 保留了所有记录（包括重复项）。

10.4 本章小结

本章深入探讨了 SQL 中用于组合查询的两个运算符：UNION 和 UNION ALL。这两个运算符均能将多个 SELECT 语句的结果集合并为一个单独的结果集，但其处理重复行的策略存在显著差异。

- UNION：该运算符会自动从合并后的结果集中移除重复的行，确保最终结果集的每一行都是唯一的。这一特性使 UNION 成为需要消除冗余数据场景下的理想选择。

- UNION ALL：与 UNION 不同，UNION ALL 会保留所有行，包括在多个 SELECT 语句中重复出现的行。这种行为不仅简化了查询过程，还在某些情况下提供了性能优化，特别是当确信合并的数据集中不包含重复行，或者重复行对于分析有意义时。

10.5 过关练习

1. 编写 SQL 语句，分别查询出用户名为"张三"和"李四"的用户信息，并将这两个查询的结果合并在一起返回。

2. 下面的 SQL 语句存在错误（尝试在不运行的情况下指出）。

```
SELECT username, address, FROM Users
ORDER BY create_at;
UNION
SELECT username, address, FROM Users
ORDER BY create_at;
WHERE username = '张三' ORDER BY create_at;
```

第11章 数据插入

本章旨在深入探讨SQL数据插入的应用知识,内容涵盖从基础语法、高级技巧、最佳实践到常见问题解答,全面解析如何高效、安全地进行数据插入操作。无论读者是数据库管理的初学者,还是经验丰富的专业人士,都能从本章内容中获得有价值的参考和启发。

【学习目标】
- 掌握SQL数据插入的基础知识。
- 掌握高级数据插入的应用场景及使用技巧。
- 学会利用AI工具快速编写数据插入相关的SQL语句。

11.1 SQL数据插入基础

在数据库中,数据插入操作是指使用INSERT INTO语句将新行(记录)添加到表中。以下是INSERT INTO语句的基本语法。

> **语法**:INSERT INTO 表名 (列1, 列2, 列3, ..., 列n)
> VALUES (值1, 值2, 值3, ..., 值n);

> **说明**:
> - 表名:目标表的名称。
> - 列1, 列2, ..., 列n:指定要插入数据的列名。如果要为所有列插入数据,可以省略列名(但通常不推荐这样做,因为列顺序的变更可能会导致错误)。
> - 值1, 值2, ..., 值n:与前面列名对应的数据值,值的顺序和数据类型必须与列的定义相匹配。

数据插入操作主要分为单行插入和多行插入。接下来,我们将详细探讨两者的实现方法、特点及应用场景。

11.1.1 单行插入

在数据库中，单行插入是使用 INSERT INTO 语句每次向表中添加一条记录的方法。它在需要精确控制插入数据时尤为常见。

【示例 11-1】向产品表中插入一条新记录。

分析▼

我们以数据库产品表（Products）为例演示数据插入操作。在数据插入前，我们需要了解 Products 表的数据结构，如表 11-1 所示。

表 11-1　Products 表的数据结构

列名	数据类型	描述
id	INT AUTO_INCREMENT	产品的唯一标识符，自动增长
prod_name	VARCHAR(255)	产品名称
description	TEXT	产品描述
category_id	INT	所属分类
price	DECIMAL(10, 2)	产品价格
stock	INT	库存数量
create_at	TIMESTAMP	产品创建时间
update_at	TIMESTAMP	产品更新时间

从表结构可见，id 列为自增主键（主键值唯一，不能重复）。在插入新记录时，通常不需要指定 id 列的值（除非有特殊需求，如需要覆盖自动生成的 ID）。现在向产品表（Products）中插入一条记录：产品名称为"OPPO 手机"，产品描述为"中国制造"、所属分类为 1，产品价格为 3000，库存数量为 90，产品创建时间和产品更新时间均设置为当前时间。

输入▼

INSERT INTO Products(prod_name, description, category_id, price, stock, create_at, update_at)

VALUES ('OPPO手机', '中国制造', 1, 3000, 90, NOW(), NOW());

输出▼

```
INSERT INTO Products(prod_name, description, category_id, price, stock, create_at, update_at)
VALUES ('OPPO手机', '中国制造', 1, 3000, 90, NOW(), NOW());
> Affected rows: 1
> 时间 : 0.107s
```

这里以MySQL数据库为例，使用NOW()函数获取当前时间，该SQL语句在其他数据库环境中执行可能会报错。当看到输出信息"Affected rows: 1"时，通常表示数据插入成功。此外，我们还可以通过SELECT语句进一步验证是否插入成功。其SQL语句如下。

输入▼

```
SELECT * FROM Products;
```

输出▼

id	prod_name	description	category_id	price	stock	create_at	update_at
1	小米手机	中国制造	1	2000.00	30	2024-05-19 17:36:29	2024-05-19 17:36:32
2	苹果手机	美国制造	4	5000.00	60	2024-05-19 17:38:35	2024-05-19 17:38:37
3	三星手机	韩国制造	2	4000.00	100	2024-05-19 17:37:22	2024-05-19 17:37:37
4	华为手机	中国制造	1	5000.00	50	2024-05-19 17:36:55	2024-05-19 17:36:57
5	vivo手机	中国制造	1	2000.00	200	2024-05-01 00:09:19	2024-05-07 00:09:23
6	谷歌手机	美国制造	4	3000.00	20	2024-05-07 00:10:21	2024-05-23 00:10:26
7	OPPO手机	中国制造	4	3000.00	90	2024-07-08 15:15:28	2024-07-08 15:15:28

通过这种方式，我们可以直观地看到插入的数据行。因为id是自增主键，且上一个id值为6，所以新增记录的id为7。每次新增操作，该值会依次递增1。

若要给id设置一个值（通常不推荐，因为这会破坏自增序列的连续性），则必须确保该值在当前序列中未被使用。其SQL语句如下。

输入▼

INSERT INTO Products(id, prod_name, description, category_id, price, stock, create_at, update_at)
VALUES (8, '金立手机', '中国制造', 1, 2200, 90, NOW(), NOW());

输出▼

INSERT INTO Products(id, prod_name, description, category_id, price, stock, create_at, update_at)
VALUES (8, '金立手机', '中国制造', 1, 2200, 90, NOW(), NOW())
> Affected rows: 1
> 时间: 0.107s

分析▼

因为id为7的记录已经存在,所以这里将id设置为8。

> **温馨提示:**
>
> 如果将上述SQL语句写成现有的id,即将id设置为7,SQL语句如下。
>
> INSERT INTO Products(id, prod_name, description, category_id, price, stock, create_at, update_at)
> VALUES (7, , 金立手机', '中国制造', 1, 2200, 90, NOW(), NOW());
>
> 在执行该SQL语句时将会报错,报错信息如下。
>
> INSERT INTO Products(id, prod_name, description, category_id, price, stock, create_at, update_at)
> VALUES (7, '金立手机', '中国制造', 1, 2200, 90, NOW(), NOW());
> > 1062 - Duplicate entry '7' for key 'PRIMARY'
> > 时间: 0.041s
>
> 报错的原因是主键冲突,因为id为7的数据记录已存在,因此通常不推荐手动设置主键值。

> **注意:**
>
> - 在插入数据时,确保为所有非自增且非NULL的列提供有效值。

- 若表为某些列定义了默认值，则对于未指定值的列，数据库将自动采用其默认值。
- 若插入的数据违反了表的约束（如外键约束、唯一约束等），则插入操作将失败。
- 插入数据后，可使用SELECT语句验证数据是否已成功插入表中。
- 在执行插入操作前，用户需确保拥有足够的权限向目标表中插入数据。

11.1.2 多行插入

在数据库中，多行插入（批量插入）允许在单个INSERT INTO语句中插入多条记录。这种方式通常比分别执行多个单行插入语句更高效，因为它减少了与数据库的交互次数和相关的资源消耗。

多行插入主要用于需要一次性向数据库中插入大量数据的情况。多行插入的典型应用场景如下。

1. 数据迁移

- 跨系统迁移：当需要将数据从一个数据库系统迁移到另一个数据库系统时，由于两个系统的结构和数据类型可能存在差异，因此需要进行数据转换和插入。此时，批量插入可以显著提高数据迁移的效率。
- 备份恢复：在数据库备份恢复过程中，可能需要将大量数据从备份文件恢复到数据库中，批量插入是恢复数据的有效手段。

2. 数据聚合

- 日志聚合：在分布式系统中，各个节点会生成大量日志文件。为了进行日志分析，需要将这些数据聚合到中心数据库中，批量插入可以高效地完成此任务。
- 报表生成：在生成报表时，常需要从多个表中提取数据并进行处理。处理后的数据可以通过批量插入的方式一次性插入报表中，以提高报表生成效率。

3. 大规模数据处理

- 数据清洗：在数据清洗过程中，常需要对大量数据进行格式化、去重、修正等操作。处理后的数据可以通过批量插入的方式重新导入数据库。

● 数据分析：在进行大规模数据分析（如数据挖掘、机器学习等）时，需要将处理后的数据批量插入分析数据库，以便进行后续的分析工作。

多行插入的语法与单行插入类似，主要区别在于 VALUES 子句包含多组值，每组值对应表中的一行，组间用逗号分隔。

> **语法**：INSERT INTO 表名 (列1, 列2, 列3, ..., 列n)
> VALUES
> (值1, 值2, 值3, ..., 值n),
> (值1, 值2, 值3, ..., 值n),
> ……
> (值1, 值2, 值3, ..., 值n);

【示例 11-2】向产品表中插入 4 条新记录。

输入▼

> INSERT INTO Products(prod_name, description, category_id, price, stock, create_at, update_at)
> VALUES
> ('一加手机', '中国制造', 1, 2200, 90, NOW(), NOW()),
> ('中兴手机', '中国制造', 1, 1800, 90, NOW(), NOW()),
> ('荣耀手机', '中国制造', 1, 2300, 90, NOW(), NOW()),
> ('魅族手机', '中国制造', 1, 2400, 90, NOW(), NOW());

输出▼

INSERT INTO Products(prod_name, description, category_id, price, stock, create_at, update_at)

VALUES

('一加手机', '中国制造', 1, 2200, 90, NOW(), NOW()),

('中兴手机', '中国制造', 1, 1800, 90, NOW(), NOW()),

('荣耀手机', '中国制造', 1, 2300, 90, NOW(), NOW()),

('魅族手机', '中国制造', 1, 2400, 90, NOW(), NOW());

> Affected rows: 4

> 时间: 0.068s

分析▼

从输出结果可见,这4条数据已成功插入。在批量插入时,每组数据之间需要用逗号隔开,整个INSERT语句以分号结尾。

> **注意:**
> - 确保为所有非自增且不允许NULL值的列提供有效数据。
> - 如果表定义了默认值,则对于未在INSERT语句中显式指定值的列,将使用其默认值(默认值机制在列未被提及或显式设为DEFAULT时生效)。
> - 如果插入的数据违反了表的约束(如外键约束、唯一约束等),整个插入操作通常会失败。某些数据库管理系统可能允许部分行成功插入,但这并非常态且依赖于具体的数据库配置。
> - 在执行多行插入操作之前,请确保拥有对目标表执行插入操作的足够权限。
> - 在批量插入大量数据时,应评估数据库性能和事务日志空间的影响。在某些情况下,建议将数据分批插入,以避免对数据库造成过大压力。
> - 某些数据库系统(如MySQL)对单个INSERT INTO语句可以插入的行数有限制。如果需要插入的行数超过此限制,需拆分为多个INSERT INTO语句执行。然而,现代数据库系统的此类限制通常较高,一般应用场景下不易触及。

11.2 SQL数据插入高级

除单行数据插入、多行数据插入外,部分数据库还支持插入检索出来的数据,以及直接复制表数据的功能,这些属于数据库的高级用法。高级数据插入的典型使用场景如下。

- 数据迁移:将一个表中的数据迁移到另一个结构相似的表中,适用于数据表结构调整或数据库迁移。
- 数据汇总:将多个表中的相似数据汇总到一个表中,以便进行统一分析或处理。

- 备份数据：将生产环境的数据复制到测试或备份数据库表中，用于验证或灾难恢复。
- 保存复杂查询结果：将复杂的查询结果直接插入新表中，以便后续分析和报告生成。
- 快速复制表结构和数据：在需要快速创建表结构及其数据副本时使用。

下面我们就来探索这两种高级插入数据的方式。

11.2.1 插入检索出来的数据

在数据库中，通常使用INSERT INTO ... SELECT ...语句将从一个表检索出的数据插入另一个表。其语法如下。

> **语法**：INSERT INTO target_table (column1, column2, ...)
> SELECT column1, column2, ...
> FROM source_table
> WHERE condition;

> **说明**：
>   target_table：目标表名，即要插入数据的表。
>   column1, column2, ...：目标表中接收数据的列名列表，这些列将接收来自源表的数据。
>   source_table：源表名，即从中检索数据的表。
>   WHERE condition：可选项，用于指定从源表中检索哪些行的过滤条件。

【示例11-3】假设有一张空的产品表（Product），现需要将产品表（Products）中的所有数据插入Product表中。

输入▼

INSERT INTO Product(prod_name, description, category_id, price, stock, create_at, update_at)
SELECT prod_name, description, category_id, price, stock, create_at, update_at

```
FROM Products;
```

输出▼

```
INSERT INTO Product (prod_name, description, category_id, price, stock, create_at, update_at)
SELECT prod_name, description, category_id, price, stock, create_at, update_at
FROM Products;
> Affected rows: 11
> 时间：0.138s
```

分析▼

从输出结果可见，已成功将产品表（Products）中的 11 条数据全部插入 Product 表中。

11.2.2 从一个表复制到另一个表中

在数据库中，可以使用 CREATE TABLE ... AS SELECT ... 语句创建一个新表，并将源表中满足条件的数据复制到新表中。需要注意的是，该语句的具体语法可能因不同的数据库系统（如 MySQL、PostgreSQL、SQL Server 等）而异，但基本原理相似。其通用语法如下。

```
语法：CREATE TABLE new_table AS
SELECT column1, column2, ...
FROM old_table
WHERE condition;
```

说明：

- new_table：新创建的目标表名。
- column1, column2, ...：目标表中接收数据的列名。如需复制所有列且不指定列名，可使用 * 通配符。
- old_table：源表名，即从中检索数据的表。
- WHERE condition：可选项，用于指定复制数据的过滤条件。

【示例 11-4】使用 CREATE TABLE...AS SELECT... 语句备份产品表

（Products）。

输入▼

```
CREATE TABLE productsCopy
AS
SELECT * FROM Products;
```

输出▼

```
CREATE TABLE productsCopy
AS
SELECT * FROM Products;
> OK
> 时间: 0.381s
```

分析▼

该CREATE TABLE语句创建了名为productsCopy的新表，并将Products表的全部数据复制到其中。由于使用了SELECT *语句，因此productsCopy表会创建并填充与Products表相同的列。

如需仅复制部分列，应明确指定所需列名，而非使用*通配符。我们可以通过SELECT语句来验证productsCopy表的数据。

输入▼

```
SELECT * FROM productsCopy;
```

输出▼

id	prod_name	description	category_id	price	stock	create_at	update_at
1	小米手机	中国制造	1	2000.00	30	2024-05-19 17:36:29	2024-05-19 17:36:32
2	苹果手机	美国制造	4	5000.00	60	2024-05-19 17:38:35	2024-05-19 17:38:37
3	三星手机	韩国制造	2	4000.00	100	2024-05-19 17:37:22	2024-05-19 17:37:37
4	华为手机	中国制造	1	5000.00	50	2024-05-19 17:36:55	2024-05-19 17:36:57
5	vivo手机	中国制造	1	2000.00	200	2024-05-01 00:09:19	2024-05-07 00:09:23

6	谷歌手机	美国制造	4	3000.00	20	2024-05-07 00:10:21	2024-05-23 00:10:26
7	OPPO手机	中国制造	1	3000.00	90	2024-07-08 15:15:28	2024-07-08 15:15:28
8	一加手机	中国制造	1	2200.00	90	2024-07-08 19:36:43	2024-07-08 19:36:43
9	中兴手机	中国制造	1	1800.00	90	2024-07-08 19:36:43	2024-07-08 19:36:43
10	荣耀手机	中国制造	1	2300.00	90	2024-07-08 19:36:43	2024-07-08 19:36:43
11	魅族手机	中国制造	1	2400.00	90	2024-07-08 19:36:43	2024-07-08 19:36:43

从输出结果可见，productsCopy 表中的数据与 Products 表中的数据完全一致。

> **温馨提示：**
> 在 SQL Server 数据库中，上述 SQL 语句可以写成如下形式。
> SELECT * INTO productsCopy FROM Products;

11.2.3 实例14：AI工具教你插入检索出来的数据

【实例要求】

现有两张结构相同的数据库表：source_table（源表）和 target_table（目标表），均包含 id、name、age 等字段。我们需要将 source_table 中的所有数据完整复制到 target_table 中。

【思路分析】

（1）确定数据源和目标：明确源表和目标表。

（2）检查表结构：验证源表和目标表的结构是否严格一致，包括字段名称、数据类型等。若不一致，需要先调整目标表结构或明确指定字段列表。

（3）选择复制方法：根据使用的数据库管理系统（如MySQL、PostgreSQL等），选择合适的复制方法。常见的方法如下。

- 使用SQL语句（如 INSERT INTO...SELECT）。
- 利用数据库管理工具提供的复制、粘贴功能。
- 使用数据导入、导出工具。

（4）执行复制操作：按照选定的方法执行复制操作，将数据从源表复制到目标表。

（5）验证数据：检查目标表中的数据，确保复制操作成功且数据准确无误。

【操作步骤】

我们以DeepSeek为例，向其提问以快速编写SQL语句。在使用DeepSeek之前，我们需要清晰地描述需求。

☆提示词：

现有两张结构相同的数据库表：source_table（源表）和target_table（目标表），均包含id、name、age等字段。我们需要将source_table中的所有数据完整复制到target_table中。其中，target_table是一张空表。请帮忙编写SQL语句。

☆DeepSeek回答：

需要将source_table表中的数据复制到空的target_table表中。操作前，应首先确认两张表的结构完全一致，包括字段名、数据类型及长度等，否则可能导致错误。若结构相同，可直接使用INSERT INTO...SELECT语句。

虽然源表可能存在主键或唯一约束，但由于目标表为空，通常不会引发冲突。若目标表含有自增主键，可能需要特殊处理；但问题描述中未提及此情况，故暂无须考虑。

基本步骤如下：使用INSERT INTO target_table SELECT * FROM source_table;即可将源表数据全部插入目标表。但为确保字段顺序与数量完全匹配，建议明确列出所有字段名。例如，INSERT INTO target_table (id, name, age) SELECT id, name, age FROM source_table;。

如此操作，即使表结构后续调整，只要字段对应无误即可避免错误。

因此，正确的SQL语句如下。

INSERT INTO target_table

```
SELECT * FROM source_table;
```
或者，在字段顺序可能不一致的情况下，明确指定字段名。
```
INSERT INTO target_table (id, name, age)
SELECT id, name, age FROM source_table;
```

☆结果说明：

执行上述操作后，target_table 表将包含与 source_table 表相同的数据。读者可通过 SELECT 语句验证数据是否已成功复制且无丢失或损坏。

11.3 本章小结

本章深入讲解了如何高效地将数据行插入数据库表中。我们不仅学习了使用 INSERT 语句的多种方式，还强调了在数据插入过程中明确指定列名的重要性。此外，我们掌握了使用 INSERT INTO ... SELECT 语句从现有表导入数据的高效方法，以及利用 SELECT INTO 语句将查询结果导出并创建新表的方法。这些方法为数据管理和操作提供了有力支持。同时，合理利用 AI 工具，读者可以更便捷、快速地完成数据插入任务。

11.4 过关练习

1. 使用 INSERT 语句和指定的列，将你自己的基本信息添加到 Users 表中。

2. 使用 INSERT INTO...SELECT 语句创建订单表的备份副本。

第12章　更新和删除

数据库作为信息系统的核心组件，承载着海量数据的存储、管理和分析任务。无论是企业的业务运营、政府机构的政务管理，还是个人的日常生活，都离不开数据库的支撑。在这些纷繁复杂的数据交互中，更新（UPDATE）和删除（DELETE）操作作为数据库管理的基本功能，扮演着至关重要的角色。

因此，掌握数据库更新和删除操作的基本原理、语法规则及其实践，对于每一位从事数据库管理和开发工作的人员来说都至关重要。本章将从基础概念出发，深入介绍UPDATE和DELETE语句的语法结构和应用场景，分享性能优化技巧和安全注意事项，并通过实例分析帮助读者更好地理解和应用这些操作。希望通过本章的学习，读者能够进一步提升自己的数据库管理能力，为信息系统的稳定运行和数据安全保驾护航。

【学习目标】
- 掌握数据库的更新和删除操作。
- 学会利用AI工具快速编写数据库更新和删除相关的SQL语句。

12.1　数据库更新操作（UPDATE）

数据库更新操作（UPDATE）是数据库管理系统中用于修改已存在记录数据的一个重要功能。通过UPDATE语句，用户可以根据指定的条件更新表中的一条或多条记录的一个或多个字段值。

```
语法：UPDATE 表名
SET 列名1 = 值1, 列名2 = 值2, ..., 列名n = 值n
WHERE 条件;
```

> **说明：**
> - 表名：指定要更新数据的表名。
> - SET子句：用于指定要更新的列及其新值。可更新一个或多个列，列之间用逗号分隔。
> - WHERE条件：指定更新哪些行的条件。如果省略WHERE子句，将会更新表中的所有行，这通常是不推荐的，因为它会影响到整个表的数据。

> **温馨提示：**
> 在客户端或服务器架构的数据库管理系统中，执行UPDATE语句前，务必验证并确认用户已具备足够的安全访问权限，以确保数据更新的合法性和安全性。

【示例12-1】将产品表中的小米手机的库存数量更新为100。

分析▼

在修改小米手机的库存数量之前，我们可以通过SELECT语句查看其原始库存数量。

输入▼

```
SELECT * FROM Products WHERE prod_name = '小米手机';
```

输出▼

id	prod_name	description	category_id	price	stock	create_at	update_at
1	小米手机	中国制造	1	2000.00	30	2024-05-19 17:36:29	2024-05-19 17:36:32

从输出结果可见，小米手机的原始库存数量为30。我们要将小米手机的库存数量调整为100，对应的SQL语句如下。

输入▼

```
UPDATE Products SET stock =100 WHERE prod_name = '小米手机';
```

输出▼

UPDATE Products SET stock = 100 WHERE prod_name ='小米手机';
> Affected rows: 1
> 时间: 0.147s

输出信息"Affected rows: 1"表明修改操作已成功影响一行记录。我们通过 SELECT 语句来验证一下。

输入▼

SELECT * FROM Products WHERE prod_name = '小米手机';

输出▼

id	prod_name	description	category_id	price	stock	create_at	update_at
1	小米手机	中国制造	1	2000.00	100	2024-05-19 17:36:29	2024-05-19 17:36:32

温馨提示：

（1）若 UPDATE 语句中省略 WHERE 条件（如 UPDATE Products SET stock = 100;），将会更新表中所有记录的 stock 字段值为 100，导致数据大面积错误。

（2）在修改字段值时，必须确保更改字段的数据类型与原字段的数据类型兼容。例如，将上述 SQL 写成如下语句。

UPDATE Products SET stock = '测试' WHERE prod_name = '小米手机';

执行该 SQL 语句将会报错。

UPDATE Products SET stock = '测试' WHERE prod_name = '小米手机';
> 1366 – Incorrect integer value: '测试' for column 'stock' at row 1
> 时间: 0.042s

分析▼

从输出结果可见，数据修改未成功。原因在于 stock 列定义为 INT（整数）类型，而更新尝试使用了字符串值。数据库引擎会阻止这种数据类型不匹配的操作。要成功更新该列，必须提供与其定义的数据类型兼容的值（此处应为整数值）。

> **注意：**
> （1）理解WHERE子句：在执行前，必须完全理解WHERE子句的筛选条件，避免意外更新到非目标行。
> （2）基于其他行数据更新：如需基于表中其他行的值更新当前行（如使用子查询或JOIN），需要确保充分理解这些操作的复杂性和潜在影响，避免产生非预期结果。
> （3）备份先行：强烈建议在执行任何重要的更新操作之前，先备份相关数据。这是防止操作出错导致数据丢失时进行恢复的关键保障。
> （4）利用事务：对于涉及多个步骤或依赖外部因素的复杂更新操作，考虑使用事务（如MySQL等数据库支持）。事务能确保操作的原子性（全部成功或全部回滚）和一致性等，是管理复杂更新的重要手段。

UPDATE操作可将列的值修改为新的合法数据。如果需要清除某个列的值（删除该值），可以将其设置为NULL。需要注意的是，此操作的前提是该列在表定义中允许存储NULL值，即该列未定义NOT NULL约束。

【示例12-2】将产品表中的荣耀手机的库存数量设置为空（NULL），并将更新时间修改为系统当前时间。

分析▼

在修改产品表中荣耀手机的数据之前，我们先通过SELECT语句查看其原始数据。

输入▼

SELECT * FROM Products WHERE prod_name = '荣耀手机';

输出▼

id	prod_name	description	category_id	price	stock	create_at	update_at
10	荣耀手机	中国制造	1	2000.00	30	2024-05-19 17:36:29	2024-05-19 17:36:32

输出结果显示,荣耀手机的原库存数量(stock)为30,原更新时间为2024-05-19 17:36:32。现需将其库存数量设置为NULL,并将更新时间更新为当前时间(使用MySQL的now()函数获取)。对应的SQL语句如下。

输入▼

```
UPDATE Products SET stock = NULL, update_at = now() WHERE prod_name = '荣耀手机';
```

输出▼

```
UPDATE Products SET stock = NULL, update_at = now() WHERE prod_name = '荣耀手机';
> Affected rows: 1
> 时间: 0.357s
```

从输出结果可见,输出信息"Affected rows: 1"表示已经修改成功。我们通过SELECT语句查看更新后的结果。

输入▼

```
SELECT * FROM Products WHERE prod_name = '荣耀手机';
```

输出▼

id	prod_name	description	category_id	price	stock	create_at	update_at
10	荣耀手机	中国制造	1	2000.00		2024-05-19 17:36:29	2024-07-11 11:48:39

从输出结果可见,stock从原来的30更新为NULL了,产品更新时间也从2024-05-19 17:36:32变成了2024-07-11 11:48:39。

12.2 实例15:利用AI工具快速编写数据库更新相关的SQL语句

【实例要求】

现有一张名为Employees的数据库表,记录了员工的信息,包括员工

ID（EmployeeID）、姓名（Name）、职位（Position）和薪资（Salary）。我们的目标是将所有职位为"销售经理"的员工的薪资提高15%。

【思路分析】

（1）明确需求：

● 确定需要更新的数据范围：职位（Position）为"销售经理"的所有员工记录。

● 明确更新操作：将目标员工的薪资（Salary）提高15%，即原薪资乘以1.15。

（2）设计SQL语句：基于需求编写UPDATE语句。

● 在SET子句中定义更新逻辑：Salary = Salary*1.15。

● 在WHERE子句中指定精确的筛选条件：Position='销售经理'。

（3）利用AI工具辅助：将上述需求以自然语言描述输入AI工具。虽然AI工具可能无法直接生成完全符合特定数据库语法的可执行SQL代码，但它能够基于自然语言理解提供关键词建议、语句结构框架或潜在问题提示，从而辅助我们快速构建SQL语句的核心逻辑。

（4）调整和完善：根据AI工具的输出建议，结合目标数据库系统的具体语法规则和实际表结构（表名、列名、数据类型），对初步构建的SQL语句进行必要的调整、验证和完善，确保其语法正确且逻辑符合预期。

【操作步骤】

我们以DeepSeek为例，向其提问以快速编写SQL语句。在使用DeepSeek之前，我们需要清晰地描述需求。

☆提示词：

现有一张名为Employees的数据库表，记录了员工的信息，包括员工ID（EmployeeID）、姓名（Name）、职位（Position）和薪资（Salary）。请编写SQL语句，将所有职位为"销售经理"的员工的薪资提高15%。

☆ DeepSeek回答：

现在需要处理一个数据库更新任务：将所有职位是"销售经理"的员工的薪资提高15%。

首先，需要确认目标数据库系统，因为不同系统在语法上可能存在差异。用户没有特别说明，此处使用标准的SQL语句，并兼顾常见系统（如MySQL、SQL Server或PostgreSQL）的特性。

其次，需要确认表名是Employees，其包含的列有EmployeeID、Name、Position和Salary。目标是对Position列为"销售经理"的记录，将Salary提高15%。这应该使用UPDATE语句，其基本结构为"UPDATE 表名 SET 列名=表达式 WHERE 条件;"。因此，正确的语句应该是"UPDATE Employees SET Salary = Salary * 1.15 WHERE Position = '销售经理';"。

这里需要注意以下几点。

（1）表名和列名大小写：如果数据库设置为区分大小写，可能需要使用引号或保持正确的大小写形式。通常情况下不区分大小写，直接书写原名即可。

（2）字符串值界定：字符串值必须用单引号（'）括起来。双引号在某些数据库（如MySQL）中通常不用于界定字符串值。

（3）WHERE 条件准确性：确保WHERE条件精确匹配，避免更新非目标行。例如，需注意Position字段是否存在多余空格或大小写不一致问题。

（4）数据安全与测试：

● 在正式环境中，建议先进行测试或使用事务（Transaction）来确保操作可回滚，保障数据安全。执行更新前，最好备份数据。

● 建议先运行查询语句确认影响范围："SELECT * FROM Employees WHERE Position = '销售经理';"，验证结果正确后再执行更新。

（5）潜在错误：

● 拼写错误：仔细检查表名 Employees 和列名 Position、Salary 的拼写（避免误写为 Positon 或 Salery）。

● 数值计算：确认乘数 1.15 计算正确。

● 数据类型：如果 Salary 列为整数类型（INT），乘以 1.15 可能导致小数部分被截断或四舍五入（具体行为取决于数据库）。可能需要使用 ROUND() 函数，或确保该列是浮点型、小数型（DECIMAL）等能精确处理小数的类型。用户问题中未提及此细节，故假设 Salary 列类型可处理小数运算。

因此，正确的 SQL 语句如下。

UPDATE Employees
SET Salary = Salary * 1.15
WHERE Position = '销售经理';

最后，更新执行后，应通过查询验证更新结果是否正确。

☆结果说明：

执行上述 SQL 语句后，所有职位为"销售经理"的员工的薪资均成功提高 15%。我们可以通过查询 Employees 表并筛选职位为"销售经理"的记录来验证结果。结果显示这些员工的薪资已按照要求进行了调整，从而验证了 SQL 语句逻辑的正确性和 AI 工具的辅助作用。

12.3 数据库删除操作（DELETE）

数据库中的删除操作（DELETE）是一种用于从表中移除一条或多条记录（行）的 SQL 语句。使用 DELETE 语句时须格外谨慎，因其一旦执行，被删除的数据通常无法恢复。

语法：DELETE FROM 表名
WHERE 条件；

> 说明：
> - 表名：指定要从中删除记录的表名。
> - WHERE 条件：指定哪些记录将被删除。若省略了 WHERE 子句，则表中的所有记录都将被删除。因此，在使用 DELETE 语句时，除非确定要删除表中的所有数据，否则务必使用 WHERE 子句精确指定目标记录。

【示例 12-3】删除产品表中 id 为 10 的记录。

分析▼

从数据库产品表已知，id 为 10 的产品名称为"荣耀手机"。我们按照删除语法编写 SQL 语句。

输入▼

```
DELETE FROM Products WHERE id = 10;
```

输出▼

```
DELETE FROM Products WHERE id = 10;
> Affected rows: 1
> 时间: 0.146s
```

从输出结果可见，输出信息"Affected rows: 1"表示成功删除了一行记录。我们通过 SELECT 语句查看删除后的结果。

输入▼

```
SELECT * FROM Products;
```

输出▼

id	prod_name	description	category_id	price	stock	create_at	update_at
----	------	----------	----------	-------	----	----------	----------
1	小米手机	中国制造	1	2000.00	30	2024-05-19 17:36:29	2024-05-19 17:36:32
2	苹果手机	美国制造	4	5000.00	60	2024-05-19 17:38:35	2024-05-19 17:38:37
3	三星手机	韩国制造	2	4000.00	100	2024-05-19 17:37:22	2024-05-19 17:37:37
4	华为手机	中国制造	1	5000.00	50	2024-05-19 17:36:55	2024-05-19 17:36:57

5	vivo 手机	中国制造	1	2000.00	200	2024-05-01 00:09:19	2024-05-07 00:09:23
6	谷歌手机	美国制造	4	3000.00	20	2024-05-07 00:10:21	2024-05-23 00:10:26
7	OPPO 手机	中国制造	1	3000.00	90	2024-07-08 15:15:28	2024-07-08 15:15:28
8	一加手机	中国制造	1	2200.00	90	2024-07-08 19:36:43	2024-07-08 19:36:43
9	中兴手机	中国制造	1	1800.00	90	2024-07-08 19:36:43	2024-07-08 19:36:43
11	魅族手机	中国制造	1	2400.00	90	2024-07-08 19:36:43	2024-07-08 19:36:43

> **注意：**
> （1）谨慎操作：DELETE 操作会永久删除数据。执行前，请务必确认目标数据的正确性。
> （2）备份数据：强烈建议在执行重要删除操作前备份相关数据。
> （3）明确指定记录：必须使用 WHERE 子句精确指定要删除的记录。无 WHERE 子句的 DELETE 操作将清空整个表。
> （4）预先检查：执行 DELETE 前，建议先用 SELECT 语句配合相同的 WHERE 条件查询，确认即将被删除的记录符合预期。
> （5）使用事务：如果数据库支持事务，应在事务中执行 DELETE 操作。这样，如果删除结果不符合预期，可通过回滚撤销操作。

在数据库中，除 DELETE 删除操作外，还可以使用 TRUNCATE 语句来删除表中的所有记录。TRUNCATE 语句可以重置表自增的标识符（如果有）。与 DELETE 语句相比，TRUNCATE 通常更快，因为它不是逐行删除数据，而是直接删除表中的数据。然而，TRUNCATE 不能使用 WHERE 子句。

TRUNCATE 语句的语法如下。

语法：TRUNCATE TABLE 表名；

使用 TRUNCATE 语句需要注意以下几点。

（1）不可逆性：与 DELETE 不同，TRUNCATE 操作通常不能回滚（具体行为取决于数据库管理系统的实现和事务设置）。因此，在执行 TRUNCATE 之前，请确保真的想要删除所有数据。

（2）重置自增标识符：如果表包含自增的列（如 ID），TRUNCATE

会重置该列的计数器。这意味着，在 TRUNCATE 之后插入的新记录将从下一个自增值开始。

（3）触发器：TRUNCATE 操作通常不会触发 DELETE 触发器（具体取决于数据库的实现）。如果需要执行与删除操作相关的特定逻辑（如记录日志），应使用 DELETE 而非 TRUNCATE。

（4）权限要求：执行 TRUNCATE 语句通常需要比执行 DELETE 语句更高的权限。

（5）日志记录：TRUNCATE 产生的日志量通常比 DELETE 少，因为它不逐行删除数据。但这也意味着在数据恢复方面存在限制。

假设我们要删除产品表（Products）的所有记录，可以使用以下 SQL 语句。

输入▼

```
TRUNCATE TABLE Products;
```

12.4 实例16：利用AI工具快速编写数据库删除相关的SQL语句

【实例要求】

现有一张名为 Employees 的数据库表，记录了员工的信息，包括员工 ID（EmployeeID）、姓名（Name）、职位（Position）和薪资（Salary）。我们的目标是删除所有职位为"销售经理"且薪资低于 5000 元的员工记录。

【思路分析】

（1）确定数据源：明确数据存储在何处，是数据库、文件还是应用内。

（2）查询条件：确定查询条件，即职位为"销售经理"且薪资低于 5000 元。

（3）数据删除：编写删除语句，确保只删除符合条件的记录，同时保留其他数据。

（4）验证结果：执行删除操作后，验证数据是否按预期被删除。

【操作步骤】

我们以DeepSeek为例，向其提问以快速编写SQL语句。在使用DeepSeek之前，我们需要清晰地描述需求。

☆提示词：

现有一张名为Employees的数据库表，记录了员工的信息，包括员工ID（EmployeeID）、姓名（Name）、职位（Position）和薪资（Salary）。请编写SQL语句，删除所有职位为"销售经理"且薪资低于5000元的员工记录。

☆DeepSeek回答：

> 现在需要解决用户的问题，即删除Employees表中所有职位为"销售经理"且薪资低于5000元的员工记录。
>
> 首先，需要理解用户的需求，确认需要删除同时满足这两个条件的员工数据。
>
> 其次，需确认数据库表结构。用户指定的表名为Employees，涉及的字段包 EmployeeID、Name、Position和Salary。删除操作的基本结构是DELETE FROM 表名 WHERE 条件;。根据用户需求，条件应表述为Position = '销售经理' AND Salary < 5000;。注意：代码中的字段名（如Position、Salary）需与实际数据库中的定义严格一致。尽管不同数据库管理系统（DBMS）对标识符（如表名、列名）的大小写敏感性可能不同（取决于具体配置），但确保代码中的标识符写法与实际定义一致是最稳妥的做法。
>
> 重要风险提示：执行删除操作前，务必考虑潜在的数据误删风险并采取预防措施。
>
> 1.数据备份：强烈建议在执行DELETE操作前备份数据。
>
> 2.预览确认：更安全的做法是先使用SELECT语句预览将要删除的记录。

```sql
SELECT * FROM Employees WHERE Position = '销售经理' AND Salary < 5000;
```

仔细检查返回结果,确认完全符合预期后,再执行删除操作。

3. 条件严谨性:

(1)确认"销售经理"的职位名称是否会被其他相似职位(如"高级销售经理")意外匹配。用户指定的名称需精确匹配。

(2)用户已明确薪资单位为"元"且条件是"低于5000元",故比较条件直接写为 Salary < 5000。

(3)该条件 Salary < 5000 能正确处理含小数的薪资值(如4999.99),所有严格小于5000的值均会被包含。

综上所述,满足用户需求的正确SQL语句如下。

```sql
DELETE FROM Employees
WHERE Position = '销售经理' AND Salary < 5000;
```

执行此语句即可删除所有符合条件的记录。关键检查点如下。

(1)表名(Employees)、字段名(Position、Salary)拼写无误。

(2)字符串值'销售经理'使用单引号括起。

(3)AND 逻辑运算符正确连接两个条件。

(4)语句无多余空格或语法错误。

☆结果说明:

执行上述DELETE操作后,Employees表中所有职位为"销售经理"且薪水低于5000元的员工记录将被永久移除。操作后应当进行查询验证,确保目标记录已被完全删除,且无其他非目标记录被意外删除。

12.5 本章小结

通过本章的学习,我们掌握了如何使用UPDATE和DELETE语句高效地处理数据库表中的数据。我们不仅学习了这些关键语句的语法,更认识到其潜在的巨大风险，尤其是不当使用WHERE子句时可能引发的严重后果。因此，我们特别强调了WHERE子句在确保UPDATE和DELETE操作准确无误中的核心作用。此外，借助AI工具，我们能更快速且准确地编写数据库更新和删除操作，从而有效提升了数据处理的效率和安全性。

12.6 过关练习

1. 将用户表中的用户名"小张"更改为"小红"。

2. 删除用户表中自己的信息。

第13章 视图

本章旨在深入探讨数据库视图的工作原理、优势及其创建与管理方法，帮助读者更好地理解和应用这一强大的数据库功能。

【学习目标】
- 理解视图的定义。
- 熟练掌握创建、修改、删除视图的操作。
- 学会利用AI工具快速编写视图相关的SQL语句。

13.1 什么是视图

数据库视图是一种虚拟表，其内容由查询定义。与实际的数据库表不同，视图本身并不存储数据，而是在查询时动态生成数据。视图可以基于一个或多个表，呈现其部分或全部的行和列。用户可以将视图视为一个窗口，通过它查看数据库中特定的数据组合。视图具有以下特点。

（1）简化复杂操作：视图能够封装涉及多个表的复杂SQL查询逻辑。用户只需查询视图即可获取所需数据，无须了解底层复杂的实现细节。

（2）增强安全性：视图可作为安全机制，通过限制对特定行或列的访问来保护数据。例如，可创建仅显示部分列或仅符合特定条件行的视图。

（3）提供逻辑数据独立性：视图可在一定程度上屏蔽底层表结构的变化。只要视图定义所依赖的查询依然有效，访问该视图的用户应用程序通常不受影响。

（4）辅助数据分析与报表：视图便于数据聚合和报表生成。分析师可基于预定义的视图获取所需数据集，避免重复编写复杂查询。

（5）数据抽象与隐私保护：视图可隐藏表的复杂性或敏感数据，仅向用户展示其有权访问的、经过筛选或处理后的数据,实现数据抽象并保护隐私。

(6)精细权限控制:通过为不同用户或用户组创建专属视图,可精确控制其数据访问权限范围,视图可充当访问控制层。

(7)促进SQL代码复用:将常用的计算逻辑或筛选条件封装在视图中,可供多个查询复用,减少代码冗余,提高可维护性。

(8)简化数据修改(受限):主要用于查询的视图,在某些数据库系统(如MySQL、SQL Server)中,若满足特定条件,也可用于插入、更新和删除操作,使数据修改更集中。但需注意,该功能并非所有数据库都支持(如SQLite不支持),且通常存在性能开销和较多限制。

13.2 创建视图

理解了视图的基本概念,接下来,我们介绍其创建方法。

语法:CREATE VIEW view_name AS
SELECT column1, column2, ...
FROM table_name
WHERE condition;

说明:
- view_name:要创建的视图的名称,在数据库中必须是唯一的。
- SELECT 语句:定义了视图的查询逻辑,包括要选择的列、数据来源表以及必要的过滤条件。
- table_name:数据来源表的名称。
- WHERE condition:可选的,用于限制查询结果中的数据。

注意:
(1)在创建视图时,应确保查询语句语法正确,且能返回预期的结果集。
(2)视图既可基于一个或多个表创建,也可基于其他视图来创建(但可能会增加查询的复杂性)。

（3）有些数据库不支持在视图查询中使用 ORDER BY 子句。

（4）多数数据库的视图既不支持创建索引（SQL、Server 除外）默认值。

【示例 13-1】将【示例 8-2】改用视图的方式查询。

输入▼

```
CREATE VIEW VIEW_INFO AS
SELECT *
FROM Products
WHERE id IN(
    SELECT product_id
    FROM OrderDetail
    WHERE order_id IN(
        SELECT id
        FROM Orders
        WHERE user_id = (
            SELECT id
            FROM Users
            WHERE username = '小王'
        )
    )
);
```

分析▼

我们创建了一个名为 VIEW_INFO 的视图。当 DBMS 返回 OK 状态时，即表示视图创建成功。现在，我们可以直接通过视图来查询数据。

输入▼

```
SELECT * FROM VIEW_INFO;
```

输出▼

id	prod_name	description	category_id	price	stock	create_at	update_at
----	----	----------	----------	-------	----	----------	----------

1	小米手机	中国制造	1	2000.00	30	2024-05-19 17:36:29	2024-05-19 17:36:32
3	三星手机	韩国制造	2	4000.00	100	2024-05-19 17:37:22	2024-05-19 17:37:37

从输出结果可见，使用视图的方式查询出的结果与使用子查询的方式查询出的结果一致。使用视图方式可使查询语句更简洁。

【示例13-2】在【示例13-1】创建的视图基础上，查询产品名称为"小米手机"的产品。

分析▼

我们可将视图视为普通表，在其后添加WHERE语句进行条件筛选。

输入▼

SELECT * FROM VIEW_INFO WHERE prod_name = '小米手机';

输出▼

id	prod_name	description	category_id	price	stock	create_at	update_at
----	----	----------	----------	-------	----	----------	----------
1	小米手机	中国制造	1	2000.00	30	2024-05-19 17:36:29	2024-05-19 17:36:32

从输出结果可见，只有一条数据，说明条件筛选成功。

13.3 修改视图

修改视图定义的操作非常简便，具体语法如下。

> **语法**：CREATE OR REPLACE VIEW view_name AS
> SELECT column1, column2, ...
> FROM table_name
> WHERE condition;

> **说明**：
> ● CREATE OR REPLACE VIEW：该语句首先检查是否存在同名视图，若存在，则替换其定义；若不存在，则创建新视图。

- SELECT 语句：定义了视图的查询逻辑，包括选择的列、数据来源表及必要的过滤条件。
- table_name：数据来源表的表名。
- WHERE condition：可选的，用于限制查询结果中的数据。

【示例 13-3】修改【示例 13-1】创建的视图，将用户名"小王"替换为"张三"。

分析▼

修改现有视图，只需使用 CREATE OR REPLACE VIEW 的语法即可。

输入▼

```
CREATE OR REPLACE VIEW VIEW_INFO AS
SELECT *
FROM Products
WHERE id IN(
    SELECT product_id
    FROM OrderDetail
    WHERE order_id IN (
        SELECT id
        FROM Orders
        WHERE user_id =(
            SELECT id
            FROM Users
            WHERE username = '张三'
        )
    )
);
```

13.4 删除视图

删除视图操作会从数据库中移除视图的定义，但不会影响原表中的数据。视图被删除后，基于该视图的查询将无法执行。

语法：DROP VIEW [IF EXISTS] view_name [, ...] [CASCADE | RESTRICT];

> **说明**：
> - DROP VIEW：指定删除视图操作。
> - [IF EXISTS]：可选项，用于在尝试删除不存在的视图时避免报错。
> - view_name：要删除的视图名称，可以同时指定多个视图名称，用逗号分隔。
> - [CASCADE | RESTRICT]：可选项，用于指定当视图被其他对象（如视图、存储过程等）依赖时如何处理。CASCADE表示级联删除所有依赖该视图的对象；RESTRICT表示若视图被依赖则不允许删除（默认行为或是否支持此子句取决于具体数据库系统）。

> **注意**：
> （1）权限要求：删除视图需要相应的权限，通常是对视图的DROP权限或对包含该视图的架构的ALTER权限。
> （2）依赖项：在删除视图之前，应检查该视图是否被其他对象（如存储过程、触发器、其他视图等）所依赖。如果存在依赖项且数据库系统不支持CASCADE删除，则需要先手动删除或修改这些依赖项。
> （3）不可恢复性：一旦视图被删除，其定义和所有权限都将被移除，且该操作通常是不可逆的。因此，在执行删除操作前应谨慎考虑。

【示例13-4】删除视图VIEW_INFO。

输入▼

DROP VIEW VIEW_INFO;

输出▼

DROP VIEW VIEW_INFO;

> OK

> 时间：0.118s

分析▼

从输出结果可见,OK 表示已成功删除视图。现在,我们尝试查看该视图,验证是否能查出结果。

输入▼

```
SELECT * FROM VIEW_INFO;
```

输出▼

```
SELECT * FROM VIEW_INFO;
> 1146 - Table 'fawkes_bpm.VIEW_INFO' doesn't exist
> 时间: 0.068s
```

分析▼

从输出结果可见,视图已不存在。因此,查询时系统返回了错误结果,提示表不存在。

13.5 实例17:利用AI工具快速编写视图相关的SQL语句

【实例要求】

现有一张名为 employees 的数据库表,包含员工 ID(id)、员工姓名(username)、部门 ID(departmentId)和薪资(salary)等信息。现在我们需要创建一个名为 department_5_employees_view 的视图,该视图仅包含部门 ID 为 5 的员工的姓名和薪资。

【思路分析】

(1)理解需求:明确需要创建一个视图,用于展示部门 ID 为 5 的员工的姓名和薪资。

(2)查询设计:设计 SQL 查询语句,从 employees 表中筛选出部门 ID 为 5 的记录,并只选择员工姓名和薪资两列。

(3)视图创建:使用CREATE VIEW语句将设计好的查询封装为指定名称的视图。

【操作步骤】

我们以DeepSeek为例,向其提问以快速编写SQL语句。在使用DeepSeek之前,我们需要清晰地描述需求。

☆提示词:

现有一张名为employees的数据库表,包含员工ID(id)、员工姓名(username)、部门ID(departmentId)和薪资(salary)等信息。请编写SQL语句,创建一个名为department_5_employees_view的视图,该视图仅包含部门ID为5的员工的姓名和薪资。

☆DeepSeek回答:

需要为用户创建视图department_5_employees_view,该视图仅包含部门ID为5的员工的姓名和薪资。

首先,需确认用户描述的表结构。表名为employees,包含字段id、username、departmentId和salary。基于此,视图应从employees表中选择username和salary字段,并添加筛选条件departmentId=5。

其次,创建视图的标准SQL语法。通常,创建视图的语句如下。

CREATE VIEW view_name AS SELECT...;

因此,满足需求的SQL语句如下。

CREATE VIEW department_5_employees_view AS SELECT username, salary FROM employees WHERE departmentId = 5;

再次,在构建语句时,还需考虑以下因素。

(1)权限:执行用户是否拥有创建视图的数据库权限。

(2)数据唯一性:根据描述,直接筛选即可满足需求,未隐含去重等额外处理要求。

(3)视图存在性:若视图department_5_employees_view已存在,

直接执行 CREATE VIEW 将会报错。更安全的做法是使用 CREATE OR REPLACE VIEW 语法，该命令在视图存在时自动替换旧定义：

CREATE OR REPLACE VIEW department_5_employees_view AS
SELECT username, salary FROM employees WHERE departmentId = 5;

除非用户明确要求避免覆盖，否则推荐此方式。

最后，基础创建语句已能满足核心需求。若需处理视图可能已存在的情况，建议采用 CREATE OR REPLACE VIEW 语句。

因此，正确的 SQL 语句如下。

```
CREATE OR REPLACE VIEW department_5_employees_view AS
SELECT username, salary
FROM employees
WHERE departmentId = 5;
```

现在用户的需求发生变化，需要在原视图的基础上修改，增加薪资过滤条件。

☆提示词：

请帮我编写 SQL 语句，在原有视图的基础上重新编写一个部门 ID 为 5 的所有员工姓名和薪资，并且薪资需要超过 5000 元的视图。

☆DeepSeek 回答：

用户之前创建了一个用于查询部门 ID 为 5 的员工姓名和薪资的视图 department_5_employees_view。现在需要在原有定义基础上增加薪资超过 5000 元的条件。

首先，用户提到"在原有视图的基础上重新编写"，通常意味着需要替换原来的视图定义。修改视图的常见做法是使用 CREATE OR REPLACE VIEW 语句。

原来的视图名为 department_5_employees_view。更新后的 SQL 语句需要添加 salary > 5000 的条件。由于该视图可能已存在，推荐继续使用CREATE OR REPLACE VIEW 来更新视图定义。

其次，需检查原视图结构，确保其仅包含 username 和 salary 字段。更新后的SQL语句如下。

```
CREATE OR REPLACE VIEW department_5_employees_view AS
SELECT username, salary FROM employees WHERE departmentId = 5
AND salary > 5000;
```

需要注意的是，若用户使用的数据库系统不支持CREATE OR REPLACE VIEW 语法，则需先删除原视图再重建。

再次，需确认用户是否需保留原视图定义。若需保留，应创建新视图（如department_5_high_salary_view）。但用户明确要求"在原有视图基础上修改"，故应替换原视图。

最后，务必确保语法正确、条件准确（部门ID为5、薪资超过5000元）、字段无误且视图名称拼写正确。执行此语句后，视图定义即被更新，添加了薪资筛选条件。

因此，正确的SQL语句如下。

```
CREATE OR REPLACE VIEW department_5_employees_view AS
SELECT username, salary
FROM employees
WHERE departmentId = 5
  AND salary > 5000; -- 新增薪资过滤条件
```

☆提示词：

删除 department_5_employees_view 这个视图。

☆DeepSeek回答：

用户需要删除之前创建的视图 department_5_employees_view。

首先，需要确认删除视图的正确SQL语法。在主流数据库系统（如MySQL、PostgreSQL或SQL Server）中，删除视图通常使用

> DROP VIEW 语句。
>
> 其次，由于用户已确认该视图存在，直接使用 DROP VIEW 加视图名称即可完成删除操作。然而，需要注意的是，为增强语句的健壮性并避免因视图不存在而导致脚本报错中断，建议在语句中添加 IF EXISTS 子句。添加该条件后，即使视图已被删除或从未创建，语句也能安全执行而不会引发错误。这在用户可能于不同环境（如开发、测试、生产）中执行脚本时尤为重要。
>
> 最后，删除视图后，任何依赖该视图的查询、存储过程或应用程序功能都可能受到影响。建议用户在执行删除操作前检查潜在的依赖关系。根据当前问题描述，用户仅需进行简单的视图删除操作即可，此提示仅作为补充建议。
>
> 因此，正确的 SQL 语句如下。
>
> DROP VIEW IF EXISTS department_5_employees_view;

☆结果说明：

通过 DeepSeek，我们创建了一个名为 department_5_employees_view 的视图，它包含了 employees 表中部门 ID 为 5 的员工的姓名和薪资信息。同时，在对视图进行修改和删除操作时，DeepSeek 均提供了详细的讲解和符合规范的 SQL 语句。

13.6 本章小结

数据库视图凭借其简化数据访问、增强数据安全性以及提升数据可理解性等核心价值，在数据库管理和应用中发挥着不可替代的作用。对于数据库专业人员而言，掌握视图的创建和管理技能是提升工作效率、保障数据安全、优化用户体验的关键。展望未来，随着大数据、云计算等技术的不断发展，数据库视图技术也将不断演进，为数据处理和分析带来更多可能性。

13.7 过关练习

1. 创建一个名为 UsersWithOrders 的视图，其中包含用户表中的所有列，以及订单表中的支付状态和总价。

2. 下面的 SQL 语句有问题吗？如果有问题，请写出正确的 SQL 语句。

```
CREATE VIEW OrderItemsView AS
SELECT quantity,
    product_id,
    price,
    quantity * price AS total_price
FROM OrderDetail
ORDER BY id;
```

第14章 存储过程

本章旨在深入探讨数据库存储过程的原理、优势、创建方法、使用技巧及优化策略。首先,我们将从存储过程的定义出发,阐述其在数据库管理中的重要性;其次,通过实例展示存储过程的创建与使用方法,帮助读者快速上手;再次,我们将深入分析存储过程在性能提升、业务逻辑封装、安全性保障等方面的优势,并探讨如何在实际应用中发挥这些优势;最后,我们还将分享存储过程优化的经验与技巧,以及在实际应用过程中需要注意的问题和最佳实践。通过本章的学习,读者能够全面了解存储过程,并在实际工作中灵活运用,为提升数据库应用性能和保障安全性贡献力量。

【学习目标】
- 掌握存储过程的定义,学会编写存储过程。
- 了解存储过程的使用场景。
- 学会利用AI工具快速编写存储过程相关的SQL语句。

14.1 存储过程的定义

存储过程(Stored Procedure)在大型数据库系统中扮演着重要角色。它是一组为了完成特定功能、经过编译后存储在数据库中的SQL语句集。用户通过指定存储过程的名称并给出必要的参数(如果该存储过程带有参数)来执行它。下面,我们来深入了解存储过程的定义。

1. 定义
- 本质:存储过程是一组预编译并存储在数据库中的SQL语句集合,可通过指定名称和参数(如果有)重复执行。

●作用：存储过程用于封装复杂的数据库操作逻辑，提高数据处理的效率，减少网络传输量，并增强数据的安全性。

> **温馨提示：**
> 存储过程具有以下优势。
> （1）性能提升：存储过程在数据库服务器上预编译并存储，减少了SQL语句的解析和编译时间，提高了执行效率。
> （2）减少网络流量：在客户端和服务器之间，仅需传输存储过程的调用请求和结果集，而非大量的SQL语句，有效减轻了网络负担。
> （3）封装业务逻辑：将复杂的业务逻辑封装在存储过程中，可使应用程序更简洁，易于维护。
> （4）安全性：通过限制对存储过程的访问权限，可以更精细地控制对数据库的操作，提高数据的安全性。

2. 分类

●系统存储过程：由数据库系统自身提供，用于执行各种管理任务，如查询系统信息、更改数据库对象名称等。这类存储过程通常以"sp_"为前缀进行命名，并存储在数据库系统（如SQL Server的Master数据库）中。

●自定义存储过程：由用户根据业务需求创建的存储过程，用于实现特定的数据处理逻辑。自定义存储过程可接受输入参数、输出参数，并返回结果集或返回值。

3. 创建与执行

●创建：使用数据库的SQL语言（如T-SQL、PL/SQL等）编写存储过程的定义，并通过相应的SQL命令（如CREATE PROCEDURE）将其创建在目标数据库中。

●执行：通过指定存储过程的名称和必要的参数（如果有）来执行它。在大多数数据库管理系统中，可使用EXECUTE（简写为EXEC）命令执行存储过程。

> **注意：**
> ●在创建存储过程时应充分考虑其可重用性、可维护性和安全性。

> - 尽量避免在存储过程中执行过于复杂的业务逻辑，以保持其简洁性和高效性。
> - 在调用存储过程时，应该确保传递的参数类型和数量与存储过程定义中的一致。

14.2 存储过程的使用场景

在上一节中，我们了解了存储过程的定义。下面，我们将讲解存储过程的使用场景。

1. 数据封装与重用

存储过程可将复杂的业务逻辑封装在数据库内部，使应用层只需调用存储过程，而无须处理复杂的 SQL 逻辑。这样既能提高代码的复用性，又能降低数据库和应用层之间的耦合度。

2. 性能优化

存储过程在数据库中已编译，因此执行效率较高。与直接在应用层执行多条 SQL 语句相比，执行单个存储过程可以显著减少网络通信次数，从而提高整体性能。

存储过程可以利用数据库内部的优化器，根据数据的实际分布和索引情况，选择最优的执行计划。

3. 安全控制

通过使用存储过程，可以限制对数据的直接访问，增强数据库的安全性。数据库管理员可以授权用户执行特定存储过程的权限，而无须授予用户对数据表的直接访问权限。

存储过程可用于实现数据验证和业务规则，确保只有满足特定条件的数据才能被处理。

4. 自动化任务

存储过程可以包含复杂的逻辑和条件判断，因此非常适合用于执行定时任务或自动化处理流程，如备份数据、清理日志、生成报表等。

5. 跨数据库平台的兼容性

对于需要同时支持多种数据库平台的应用，使用存储过程可以简化数据库的访问层。通过在不同数据库平台上实现功能相似的存储过程接口，可以降低应用对特定数据库的依赖。

6. 分布式计算

在一些复杂的分布式计算场景中，存储过程可以在数据库服务器上并行处理大量数据，显著提高数据处理的速度和效率。

7. 减少网络流量

由于存储过程在数据库服务器上执行，只需传输调用指令和最终结果集，而非中间过程的大量数据，因此可以有效减少应用服务器和数据库服务器之间的数据传输量，特别是在处理大量数据时。

8. 版本控制

存储过程可以被视为数据库中的"代码"，因此可以像应用程序代码一样进行版本控制。这有助于跟踪存储过程的变更历史，并在必要时进行回滚。

14.3 存储过程的创建与使用

不同的数据库创建存储过程的方式存在差异。本节将重点介绍 MySQL、SQL Server、Oracle 这 3 种数据库创建存储过程的方法及其主要区别。

1. MySQL

MySQL 创建存储过程的语法相对直接，它允许用户封装一系列 SQL 语句，后续可通过指定的名称和参数（如果有）进行调用执行。

语法：CREATE PROCEDURE procedure_name ([param_name data_type [IN|OUT|INOUT], ...])
[characteristic ...]
BEGIN

```
    -- SQL 语句列表
END;
```

> **说明：**
> - procedure_name：存储过程的名称。名称应具有明确的语义，清晰反映其功能，避免随意命名。
> - param_name data_type [IN|OUT|INOUT]：存储过程的参数列表。每个参数由参数名、数据类型和方向（IN、OUT、INOUT）组成。IN 表示输入参数，OUT 表示输出参数，INOUT 表示既是输入参数也是输出参数。
> - characteristic：存储过程的可选特性，如是否确定性的（DETERMINISTIC）、SQL 安全性（SQL SECURITY { DEFINER | INVOKER }）等。这些特性在大多数情况下不是必需的。
> - BEGIN ... END：存储过程的主体部分，包含需要执行的 SQL 语句列表。

> **注意：**
> 在实际应用中，用户可能需要使用 DELIMITER 语句来更改命令的结束符，以便在存储过程内部使用分号（;）作为语句的分隔符。然而，许多 MySQL 客户端和 IDE 已经自动处理了这个问题，因此用户可能不需要手动更改结束符。编写存储过程时建议把注释加上。

创建存储过程后，可按以下步骤使用。

（1）创建存储过程：使用上述 CREATE PROCEDURE 语法在目标数据库中定义存储过程。

（2）调用存储过程：使用 CALL 语句执行已创建的存储过程。调用时需指定存储过程名称并提供必要的输入参数值。

（3）处理输出参数：如果存储过程包含输出参数，需要在调用前声明一个或多个用户定义的变量来接收这些参数的值。然后，在调用存储过程时，将这些变量作为输出参数的接收者传递。

（4）查询结果：如果存储过程执行了 SELECT 语句且未将结果集直接

传递给输出参数,那么结果集将像执行普通 SQL 查询一样返回给客户端。

【示例 14-1】我们使用产品表(Products)创建一个存储过程。该存储过程接受一个产品 ID 作为输入参数,并返回产品名称和产品价格作为输出参数。

输入▼

```
CREATE PROCEDURE getProductsInfo(IN product_id INT, OUT product_name VARCHAR(100), OUT product_price DECIMAL(10, 2))
BEGIN
    SELECT prod_name, price INTO product_name, product_price
    FROM Products
    WHERE id = product_id;
END;
```

输出▼

```
CREATE PROCEDURE getProductsInfo(IN product_id INT, OUT product_name VARCHAR(100), OUT product_price DECIMAL(10, 2))
BEGIN
    SELECT prod_name, price INTO product_name, product_price
    FROM Products
    WHERE id = product_id;
END;
> OK
> 时间: 0.164s
```

从输出结果可见,OK 代表存储过程已创建成功。现在,我们使用 CALL 来调用该存储过程,即调用产品 ID 等于 1 的存储过程。

输入▼

```
SET @product_name = '';
SET @product_price = 0.00;
CALL getProductsInfo(1, @product_name, @product_price);
SELECT @product_name AS productName, @product_price AS productPrice;
```

输出▼

productName	productPrice
小米手机	2000.00

如果要调用产品 ID 等于 2 的存储过程,只需将 id 传入参数改为 2 即可。

输入▼

```
SET @product_name = '';
SET @product_price = 0.00;
CALL getProductsInfo(2, @product_name, @product_price);
SELECT @product_name AS productName, @product_price AS productPrice;
```

输出▼

productName	productPrice
华为手机	5000.00

2. SQL Server

在 SQL Server 中,创建存储过程的语法与 MySQL 类似,但也存在一些特定的细节和选项。

```
语法:CREATE PROCEDURE procedure_name
    @param1 datatype [ = default_value ] [OUTPUT],
    @param2 datatype [ = default_value ] [OUTPUT],
    ...
AS
BEGIN
    -- SQL 语句列表
END;
```

> 说明:
> (1) procedure_name:存储过程的名称。

（2）@paramN datatype [= default_value] [OUTPUT]：存储过程的参数列表。每个参数以@符号开头，后跟参数名和数据类型。default_value 定义了参数的可选默认值（调用时若未提供参数值则使用此默认值）。OUTPUT 关键字表明该参数为输出参数，用于从存储过程返回数据。

（3）AS 关键字后面是存储过程的主体，即要执行的 SQL 语句列表。

（4）BEGIN ... END 块用于封装多条语句，如果只有一条语句，此块可省略。

SQL Server 调用存储过程的方式如下。

（1）创建存储过程：使用相应的语法在 SQL Server 中创建存储过程。

（2）调用存储过程：创建存储过程后，可以使用 EXEC 或 EXECUTE 语句来调用它。调用时，需要指定存储过程的名称及所有必要的输入参数（不包含已设置默认值且调用时未显式指定的参数）。

（3）处理输出参数：如果存储过程包含输出参数，在调用前需声明一个或多个变量来接收这些参数的值。然后，在调用存储过程时，需使用 OUTPUT 关键字将这些变量与对应的存储过程的输出参数相关联。

（4）查询结果：如果存储过程执行了 SELECT 语句，并且其结果集未直接通过输出参数返回，那么结果集将直接返回给客户端。

【示例14-2】使用SQL Server创建存储过程的方式来编写【示例14-1】。

输入▼

```
CREATE PROCEDURE getProductsInfo
    @product_id INT,
    @product_name NVARCHAR(100) OUTPUT,
    @product_price DECIMAL(10, 2) OUTPUT
AS
BEGIN
    SELECT @product_name = prod_name, @product_price = price
    FROM Products
    WHERE id = @product_id;
END;
```

在 SQL Server 中，我们使用 EXEC（EXECUTE）命令调用该存储过程，调用方式如下。

输入▼

```
DECLARE @Name NVARCHAR(100), @Price DECIMAL(10, 2);
EXEC getProductsInfo @product_id = 1, @product_name = @Name OUTPUT, @product_price = @Price OUTPUT;
SELECT @Name AS productName, @Price AS productPrice;
```

输出▼

productName	productPrice
小米手机	2000.00

从输出结果可见，与 MySQL 的结果一致。

3. Oracle

在 Oracle 数据库中，创建存储过程的语法与 SQL Server 和 MySQL 类似，但也包含一些 Oracle 特有的元素和选项。

```
语法：CREATE OR REPLACE PROCEDURE procedure_name
(
    param1 datatype [IN | OUT | IN OUT] [DEFAULT expr],
    param2 datatype [IN | OUT | IN OUT] [DEFAULT expr],
    ...
)
IS | AS
BEGIN
    -- PL/SQL 语句列表
    NULL; -- 如果存储过程体为空，则需要此语句以避免语法错误
EXCEPTION
    -- 异常处理部分（可选）
    WHEN exception_name THEN
        -- 处理异常的语句
```

```
...
END;
/
```

> **说明：**
> （1）CREATE OR REPLACE PROCEDURE：这是创建存储过程的命令。使用OR REPLACE选项时，若存储过程已存在，则Oracle会替换它；若不存在，则创建它。
> （2）procedure_name：存储过程的名称。
> （3）paramN datatype [IN | OUT | IN OUT] [DEFAULT expr]：存储过程的参数列表，定义了存储过程接收的参数，包括数据类型、参数方向（IN、OUT、IN OUT）和默认值。注意，Oracle不直接支持在创建存储过程时为参数指定默认值，但可以在调用时通过传递变量来间接实现。
> （4）IS | AS：在Oracle PL/SQL中用于开始存储过程声明部分（可选）和主体部分的关键字，二者可以互换使用。
> （5）BEGIN ... END：存储过程的主体，包含要执行的PL/SQL语句列表。
> （6）EXCEPTION部分（可选）：用于处理存储过程中可能发生的异常。
> （7）/：在Oracle等系统中，此符号用于PL/SQL块的结束标志。

Oracle数据库调用存储过程的方式如下。

（1）创建存储过程：使用上述语法在Oracle数据库中创建存储过程。

（2）调用存储过程：在PL/SQL块中，可以直接使用procedure_name(param1, param2, ...)来调用存储过程。在SQL*Plus或SQLcl中，可以使用EXECUTE procedure_name(param1, param2, ...)或简写为EXEC procedure_name(param1, param2, ...)来调用存储过程。

（3）处理输出参数：如果存储过程包含OUT或IN OUT参数，需要在调用之前声明变量来接收这些参数的值。在调用存储过程时，将这些变量作为对应参数传递。执行完成后，Oracle会将输出参数的值赋给这些变量。

（4）查询结果：如果存储过程执行了SELECT语句，其查询结果集通常不会直接返回给客户端，除非使用了DBMS_SQL包或其他特定技术来捕获和返回结果集。

【示例14-3】使用Oracle创建存储过程的方式来编写【示例14-1】。

输入▼

```
CREATE OR REPLACE PROCEDURE getProductsInfo
(
  p_id IN Products.id%TYPE,
  p_name OUT Products.prod_name%TYPE,
  p_price OUT Products.price%TYPE
)
IS
BEGIN
  SELECT prod_name, price
  INTO p_name, p_price
  FROM Products
  WHERE id = p_id;
  EXCEPTION
    WHEN NO_DATA_FOUND THEN
      p_name := NULL;
      p_price := NULL;
      RAISE_APPLICATION_ERROR(-20001, 'No employee found for the given ID.');
    WHEN TOO_MANY_ROWS THEN
      RAISE_APPLICATION_ERROR(-20002, 'More than one employee found for the given ID. This should not happen.');
END;
/
```

创建存储过程成功之后,我们来调用该存储过程。

输入▼

```
DECLARE
  v_name Products.prod_name%TYPE;
```

```
  v_price Products.price%TYPE;
BEGIN
  getProductsInfo (1, v_name, v_price);
  DBMS_OUTPUT.PUT_LINE('Products prod_name: ' || v_name);
  DBMS_OUTPUT.PUT_LINE('Products price: ' || TO_CHAR(v_price));
EXCEPTION
  WHEN OTHERS THEN
    DBMS_OUTPUT.PUT_LINE('Error: ' || SQLERRM);
END;
/
```

输出▼

Products prod_name: 小米手机

Products price: 2000.00

> 注意:
> 　　此示例声明了两个变量v_name和v_price用于接收输出参数的值。DBMS_OUTPUT.PUT_LINE代表输出语句。"||"运算符表示字符串拼接。

14.4 实例18：利用AI工具快速编写存储过程相关的SQL语句

【实例要求】

现有一张名为MESSAGE的表，包含以下字段：ID、REQ_NO、CONTENT、STATUS、RETRY_COUNT、CREATE_TIME和CREATE_USER，其中ID为唯一主键。我们需要编写一个存储过程，向MESSAGE表中插入1000条数据，其中ID值从0开始递增，REQ_NO字段使用随机生成的唯一UUID。

【思路分析】

（1）定义存储过程：定义一个存储过程，并设定其需要执行的逻辑。

(2)循环插入数据:在存储过程内部,使用循环结构进行数据插入操作。每次循环执行时,生成一个新的UUID作为REQ_NO字段的值,并使ID字段的值递增。

(3)生成数据并执行插入:在循环内部,使用数据库系统内置的函数(如MySQL的UUID()函数)生成随机且唯一的UUID值。编写INSERT INTO语句,将生成的数据(包括新的UUID、递增后的ID以及其他必要字段的值)插入目标表中。

【操作步骤】

我们以ChatGPT为例,向其提问以快速编写SQL语句。在使用ChatGPT之前,我们需要清晰地描述需求。

☆提示词:

现有一张名为MESSAGE的表,包含以下字段:ID、REQ_NO、CONTENT、STATUS、RETRY_COUNT、CREATE_TIME和CREATE_USER,其中ID为唯一主键,REQ_NO有索引。我们需要编写一个存储过程,向MESSAGE表中插入1000条数据,其中ID值从0开始递增。请用MySQL编写一个存储过程。

☆ChatGPT回答:

> 在MySQL中编写存储过程来插入多条数据时,如果需要为这些数据生成递增的ID值(如模拟自增主键或序列),需要注意存储过程本身并不像某些编程语言那样在循环中直接支持动态生成递增ID。不过,我们可以利用用户变量(User-Defined Variables)来实现这一需求。
>
> 以下是一个示例存储过程,它向MESSAGE表中插入1000条数据,其中ID从0递增到999,其他字段使用静态值或模拟的随机值进行填充。注意,在实际应用中,可能需要根据实际情况调整REQ_NO、CONTENT、STATUS、RETRY_COUNT、CREATE_TIME和CREATE_USER的值。

```
DELIMITER
CREATE PROCEDURE InsertMessages()
BEGIN
  DECLARE i INT DEFAULT 0;
  DECLARE now_time TIMESTAMP DEFAULT NOW();

  WHILE i < 1000 DO
    -- 假设REQ_NO是唯一的,这里使用CONCAT将ID转换为字符串并添加前缀来模拟唯一性
    -- 注意,在生产环境中,可能需要更复杂的逻辑来确保REQ_NO的全局唯一性
    INSERT INTO MESSAGE (ID, REQ_NO, CONTENT, STATUS, RETRY_COUNT, CREATE_TIME, CREATE_USER)
    VALUES (i, CONCAT('REQ', LPAD(i, 10, '0')), 'Sample content', 'PENDING', 0, now_time, 'system_user');

    SET i = i + 1;
  END WHILE;
END
DELIMITER;
```

在这个存储过程中,使用了WHILE循环来重复执行插入操作。每次循环迭代时,i(ID)的值增加1,并使用CONCAT()和LPAD()函数生成一个模拟的REQ_NO(这里简单地将其设置为REQ加上一个10位数字的ID,当ID不足10位则用0填充)。CONTENT、STATUS、RETRY_COUNT、CREATE_TIME和CREATE_USER字段则分别被赋予了预设的静态值或计算值。

由于在循环中使用NOW()函数获取当前时间戳,所有插入的记录都将拥有相同的创建时间,即存储过程开始执行时的时间点。这在

大多数应用场景（如批量初始化数据）中是可接受的。若需要每条记录具有精确的、不同的时间戳（虽不常见），需在循环内实现特定的时间生成逻辑（如微秒级时间或引入外部时间源）。

上述实例中 REQ_NO 的生成方式（CONCAT + LPAD）仅用于演示目的。在实际生产环境中，必须设计更复杂的逻辑来确保 REQ_NO 的全局唯一性，特别是当该字段需要与其他系统交互或作为唯一标识时。

另外，用户需被授予执行该存储过程的权限。编写完成后，通过执行 CALL InsertMessages(); 语句来调用该存储过程。

☆提示词：

请用 SQL Server 帮我写一个存储过程。

☆ChatGPT 回答：

在 SQL Server 中，编写一个存储过程向 MESSAGE 表中插入 1000 条数据，其中 ID 从 1 递增（因为通常 ID 从 1 开始而不是 0，除非有特定需求）。

```
CREATE PROCEDURE InsertMessages
AS
BEGIN
  -- 声明一个变量来跟踪 ID
  DECLARE @ID INT = 1;

  -- 假设其他字段的值是静态的或可以通过某种方式生成
  -- 这里我们使用静态值作为示例
  DECLARE @REQ_NO NVARCHAR(50);
  DECLARE @CONTENT NVARCHAR(MAX) = 'Sample message content';
  DECLARE @STATUS NVARCHAR(50) = 'PENDING';
```

```sql
DECLARE @RETRY_COUNT INT = 0;
DECLARE @CREATE_TIME DATETIME = GETDATE(); -- 使用当前时间
DECLARE @CREATE_USER NVARCHAR(100) = 'SystemUser';

-- 使用WHILE循环来插入1000条数据
WHILE @ID <= 1000
BEGIN
    -- 生成REQ_NO，这里简单使用ID值作为示例，实际中可能需要更复杂的逻辑
    SET @REQ_NO = 'REQ' + CAST(@ID AS NVARCHAR(10));

    -- 插入数据到MESSAGE表
    INSERT INTO MESSAGE (ID, REQ_NO, CONTENT, STATUS, RETRY_COUNT, CREATE_TIME, CREATE_USER)
    VALUES (@ID, @REQ_NO, @CONTENT, @STATUS, @RETRY_COUNT, @CREATE_TIME, @CREATE_USER);

    -- 递增ID
    SET @ID = @ID + 1;
END
END
GO;
```

在此存储过程中，先声明了一系列变量，用于存储待插入MESSAGE表的数据。随后，使用一个WHILE循环来重复执行插入操作。循环条件设定为@ID <= 1000。在循环体内，每次插入后@ID会递增，因此当@ID递增至1001时，循环将退出。

需要注意的是，在此示例中，@CREATE_TIME变量被设置为循

环开始时的当前时间戳。这意味着所有插入的记录都将拥有相同的创建时间。若希望每条记录具有不同的创建时间（尽管这在实践中可能不常见），则需要在循环内部重新为@CREATE_TIME赋值。但请注意，频繁获取系统时间可能会对性能产生轻微影响。

此外，@REQ_NO的值是根据@ID动态生成的。此处的逻辑较简单，仅将前缀'REQ'与转换后的@ID字符串值拼接而成。在实际应用中，需要实现更复杂的逻辑来生成REQ_NO，尤其是当其值需与其他表或系统保持唯一性时。

请务必在SQL Server Management Studio (SSMS) 或其他数据库管理工具中执行此存储过程的创建语句。需要调用该过程时，请使用EXEC InsertMessages;命令。

☆结果说明：

执行上述存储过程后，MESSAGE表中将插入1000条数据。每条数据的ID将从1递增至1000，REQ_NO字段将包含按存储过程中逻辑生成的字符串标识符；其他字段则将按照存储过程中指定的值进行填充。

14.5 本章小结

本章深入浅出地阐述了存储过程的基本概念及其重要性，详细讲解了创建与执行存储过程的语法规范，并分享了多种有效使用存储过程的方法。鉴于存储过程应用的广泛性及其技术的深度，本章内容难以覆盖其所有方面。值得注意的是，不同的数据库管理系统（DBMS）对存储过程的实现方式和支持功能各有不同。DBMS既可能包含本章所提及的功能，也可能具备其他独特的特性及未详尽探讨的高级功能。因此，为了更深入地了解和应用存储过程，强烈建议读者查阅所用DBMS的官方文档，以获取最准确、最全面的指导信息。

14.6　过关练习

1. 谈谈你对存储过程的理解。

2. 请编写一个存储过程,通过传入产品ID,返回对应的产品名称和产品价格,并且要求产品价格超过2000元。

第15章 事务

事务是数据库操作的基本单位，它通过确保一系列操作的原子性、一致性、隔离性和持久性，为数据的完整性和业务逻辑的连续性提供了坚实的保障。无论是日常的银行转账、电商购物，还是复杂的企业级应用，都离不开事务的支持。本章将深入剖析数据库事务，从基本概念到特性详解，再到应用场景与最佳实践，旨在帮助读者全面理解并掌握这一数据库管理中的重要概念。

【学习目标】
- 掌握事务的定义并能灵活运用事务。
- 学会利用AI工具快速编写事务相关的SQL语句。

15.1 什么是事务

事务（Transaction）是数据库管理系统（DBMS）执行过程中的一个逻辑单元，它包含对数据库的一系列读和写操作。这些操作被视为一个不可分割的整体，要么全部成功完成，要么在遇到错误时全部被撤销，以保持数据的一致性和完整性。

事务是用户定义的数据库操作序列，共同构成一个完整的业务逻辑单元。事务有4个基本特性，分别是原子性（Atomicity）、一致性（Consistency）、隔离性（Isolation）和持久性（Durability），合称为ACID特性。这些特性共同保证了事务的可靠性和一致性。下面，我们来介绍这4个基本特性。

> **温馨提示：**
> ACID特性名称源于原子性（Atomicity）、一致性（Consistency）、隔离性（Isolation）、持久性（Durability）4个英文单词的首字母组合。

15.1.1 原子性

原子性（Atomicity）是数据库事务的核心特性，它确保事务中的所有操作要么全部成功完成，要么在遇到错误时全部不执行，从而维护了数据的一致性和完整性。

1. 原子性的核心要点

● 不可分割性：事务中的所有操作被视为一个整体，它们要么全部成功执行，要么在遇到错误时全部不执行。这意味着事务在执行过程中，不会存在部分成功、部分失败的情况。

● 一致性保证：原子性要求事务在执行前后，数据库的状态必须保持一致。如果事务在执行过程中遇到任何错误或异常情况，系统必须能够回滚到事务开始前的状态，以确保数据的一致性不被破坏。

● 回滚机制：为了支持原子性，数据库系统通常提供了回滚（Rollback）机制。当事务执行失败或需要被撤销时，系统可以利用回滚机制将数据库恢复到事务开始前的状态。这通常通过记录事务执行前的数据状态（如使用回滚日志）来实现。

2. 原子性的应用场景

● 银行转账：在银行转账过程中，需要确保资金从转出账户扣除并成功转入接收账户这两个操作作为一个整体来执行。如果任何一个操作失败，整个转账过程都应被撤销，以保持账户余额的一致性。

● 订单处理：在电商平台的订单处理过程中，涉及多个操作，如库存扣减、订单状态更新、支付处理等。这些操作必须作为一个事务来执行，以确保订单的正确性和一致性。

● 数据迁移：在数据迁移过程中，可能需要将大量数据从一个数据库迁移到另一个数据库。这个过程可以视为一个大型事务，需要确保所有数据都成功迁移或全部不迁移,以避免数据不一致的问题。

3. 原子性的实现方式

- 日志记录:数据库系统通常使用日志来记录事务的执行过程和结果。在事务提交时,系统会将日志中的记录应用到数据库上;在事务回滚时,系统会使用日志中的记录来恢复数据库到事务开始前的状态。

- 锁机制:在事务执行过程中,数据库系统可能会使用锁来防止其他事务干扰当前事务的操作。虽然锁主要与事务的隔离性相关,但它也有助于确保事务的原子性,因为锁可以防止其他事务在事务提交或回滚之前看到中间状态。

15.1.2 一致性

一致性(Consistency)是指事务必须使数据库从一个一致性状态转换到另一个一致性状态。在数据库系统中,一致性是保证数据完整性和准确性的关键属性。

1. 一致性的定义

一致性要求事务的执行结果必须满足数据库的所有完整性约束,包括数据本身的约束(如数据类型、长度等)及业务规则定义的约束(如账户余额不能为负、库存数量不能为负等)。这意味着事务的执行不会破坏数据库的数据规则和业务逻辑,从而保证数据的一致性和准确性。

> **温馨提示:**
> 数据库约束可理解为一种规则,一旦违反了该规则,数据库执行将会报错。本章不对约束概念进行深入讲解,详细内容将在后续章节中讲解。

2. 一致性的重要性

- 维护数据准确性:一致性确保了事务执行前后,数据库中的数据都是准确可靠的。这对于依赖数据库进行决策和分析的业务系统至关重要。

- 保证业务逻辑正确性:在复杂的业务场景中,数据库存储着大量业务数据和规则。一致性要求事务的执行必须遵循这些规则,从而保证业务逻辑的正确性。

● 减少数据冲突和错误：通过保证数据的一致性，可减少因并发事务操作而引起的数据冲突和错误，提高系统的稳定性和可靠性。

3. 一致性的实现方式

● 完整性约束：数据库系统提供了多种完整性约束（如主键约束、外键约束、唯一约束、检查约束等）来确保数据的一致性。这些约束在事务执行过程中会被自动检查。

● 触发器：触发器是一种特殊的存储过程，可在数据库表上定义，并在特定事件发生时自动执行。通过编写触发器，可在事务执行前后自动检查和维护数据的一致性。

● 事务管理：事务管理是保证数据一致性的重要手段。通过控制事务的提交和回滚，确保在事务执行过程中，若遇到任何错误或异常情况，系统能够恢复到事务开始前的状态，从而保持数据的一致性。

15.1.3 隔离性

隔离性（Isolation）是数据库事务处理中的重要特性。在并发环境中，它确保一个事务的执行不会被其他并发事务干扰，从而保证事务的完整性和数据的一致性。

> **温馨提示：**
> 　　并发（Concurrency）指在同一时间段内，多个任务交替执行（每个时刻只有一个任务在CPU上运行），通过时间片轮转、中断等技术实现，使多个任务看起来像是同时执行。

1. 隔离性的定义

隔离性是指一个事务内部的操作及使用的数据对其他事务是隔离的，并发执行的各个事务之间不能相互干扰，确保事务的并发操作结果不会被其他事务的操作所影响，从而维护了数据的一致性和完整性。

2. 隔离性的重要性

在数据库系统中，多个事务可能同时执行。若事务之间缺乏隔离性保证，则可能出现脏读、不可重复读和幻读等问题，导致数据不一致和业务逻辑混乱，严重影响数据库系统的可靠性和稳定性。因此，隔离性是数据库事务处理中不可或缺的一部分。

3. 数据库隔离级别

数据库系统通常提供不同的隔离级别以支持不同程度的隔离性。隔离级别分为以下4种。

- 未提交读：这是最低的隔离级别。在此级别下，事务可读取到其他事务尚未提交的数据。此级别会导致脏读问题，即一个事务读取到了另一个事务未提交的数据，而这些数据在后续可能会被回滚。
- 提交读：在此级别下，事务只能读取到其他事务已提交的数据。此级别解决了脏读问题，但仍存在不可重复读问题，即在一个事务内多次读取同一数据集合，结果可能会因其他事务提交而不一致。
- 可重复读：此级别比提交读更严格。它保证了在同一个事务内多次读取同一数据集合的结果一致。此级别解决了不可重复读问题，但仍存在幻读问题，即当某个事务在读取某个范围内的记录时，另一个事务在该范围插入了新的记录，导致前次事务再次读取时，产生幻行（Phantom Rows）。
- 串行化：这是最高的隔离级别。它通过强制事务串行执行避免幻读问题。在串行化级别下，事务的执行顺序被严格控制，以确保它们之间不会相互干扰。然而，此级别的隔离性会严重影响数据库的并发性能。

> 温馨提示：
> 　　不同的数据库的默认隔离级别不同。MySQL的默认隔离级别为可重复读，而Oracle的默认隔离级别则为提交读。

4. 隔离性的实现方式

- 锁机制：数据库系统使用锁控制数据的访问。根据锁的类型和粒度，可分为共享锁（读锁）、排他锁（写锁）、行锁、表锁、意向锁等。锁机制是确保并发环境下事务隔离性的基础手段。
- 多版本并发控制（MVCC）：MVCC是一种避免读写冲突、提高并发性能的技术。它通过为每个事务提供数据的不同版本来实现并发控制，使读操作不阻塞写操作，写操作也不阻塞读操作，从而显著提高数据库的并发性能。

> **说明：**
> 数据库的锁机制与多版本并发控制（MVCC）涉及较深技术细节，不在本书重点讲解范围，此处仅作概念性介绍。读者如需深入了解，请参阅相关数据库专业书籍。

15.1.4 持久性

持久性（Durability）确保事务一旦提交，其对数据库的修改即为永久性的，即使在系统故障或重启后也能得以保持。

1. 持久性的定义

持久性指事务提交后，它对数据的更新将持久地保存在数据库中，不会因系统故障或其他意外情况而丢失。这是通过数据库系统的持久化机制，如将数据写入持久化存储（如硬盘）中，来实现的。

2. 持久性的重要性

● 数据可靠性：持久性保证了数据的可靠性和长期保存性，即使系统发生故障或崩溃，也能通过恢复机制找回数据，从而避免数据的丢失和损坏。

● 业务连续性：对于依赖数据库进行业务运营的系统，持久性确保了业务的连续性和稳定性。在系统故障期间，可通过恢复数据保持业务正常运行。

3. 持久性的实现方式

● 日志记录：数据库系统会记录事务的执行过程和结果，包括事务的提交和回滚操作。这些日志记录被保存在持久化存储中，以便在系统故障时用于数据恢复。

● 提交协议：数据库系统采用特定的提交协议（如两阶段提交协议）确保事务的持久性。在事务提交过程中，系统会先将事务的修改写入日志，再将修改应用到数据库。这样，即使系统崩溃，也能通过日志记录恢复数据。

- 定期备份：数据库系统会定期进行数据备份，并将数据存储在远程位置或不同的存储介质上，以防止数据丢失和损坏，增强数据的安全性和可恢复性。

4. 持久性的应用场景

- 金融交易：在金融行业中，每一笔交易都需要确保数据的准确性和持久性。如果交易数据丢失或损坏，将会对银行和客户的利益造成严重影响。
- 电子商务：在电子商务平台上，用户的订单信息、支付信息等需要确保持久性。如果这些信息丢失或损坏，将会影响用户的购物体验与商家的信誉。
- 医疗记录：在医疗行业中，患者的病历记录、检查结果等都需要长期保存和可追溯。如果这些数据丢失或损坏，将会影响患者的医疗质量与医生的诊断准确性。

15.2 事务的管理与实现

事务处理的实现方式依赖具体的数据库管理系统。大多数数据库管理系统提供显式的事务控制语句，如 SQL 中的 TRANSACTION、COMMIT、ROLLBACK、SAVEPOINT。下面，我们来讲解这些关键术语。

- TRANSACTION：在数据库管理系统中，TRANSACTION 指的是被视为单一工作单元的一组数据库操作（如插入、更新、删除等）。
- COMMIT：用于提交当前事务，使事务中的所有操作永久生效。一旦事务被提交，其修改就不能再回滚了。
- ROLLBACK：用于回滚当前事务，撤销事务中的所有操作，将数据库恢复到事务开始前的状态。如果事务在执行过程中遇到错误或需要取消事务，可使用 ROLLBACK 语句。
- SAVEPOINT：用于在事务过程中设置逻辑标记点，实现部分回滚。可在事务执行到特定阶段时设置保存点，后续需要时可将事务状态回滚至该点，而非回滚整个事务。此机制在处理复杂事务时能提升灵活性与效率。

1. 开始事务（TRANSACTION）

部分数据库需要明确标识事务处理块的开始和结束。SQL Server的语法如下。

> 语法：BEGIN TRANSACTION
> ...
> COMMIT TRANSACTION;

> 温馨提示：
> 　　在BEGIN TRANSACTION和COMMIT TRANSACTION语句之间包含的SQL数据修改语句（如新增、删除、修改），其执行效果受事务控制；而查询语句（如SELECT）本身不修改数据，因此其执行结果不受事务的最终状态影响。

MySQL/MariaDB的语法如下。

> 语法：START TRANSACTION
> ...
> COMMIT;

Oracle的语法如下。

> 语法：SET TRANSACTION
> ...
> COMMIT;

从语法格式可见，事务没有明确的结束标志，事务一旦开始，将持续存在，直到被中断。

2. 提交事务（COMMIT）

在数据库系统中，COMMIT命令用于将当前事务中自上次COMMIT或ROLLBACK命令以来的所有数据更改永久保存至数据库中。在执行COMMIT后，所有的DML操作（如INSERT、UPDATE、DELETE）将被保存到数据库中,并且这些更改对其他用户可见。

【示例15-1】使用事务对产品表中的所有产品价格增加100元并提交。我们使用4种不同的数据库进行展示,具体如下。

(1) MySQL / MariaDB。

输入▼

```
-- 开始事务
START TRANSACTION;
-- 执行修改操作,将价格提高100
UPDATE Products SET price = price + 100;

-- 提交事务,使所有更改永久保存
COMMIT;
```

(2) SQL Server。

输入▼

```
-- 开始事务
BEGIN TRANSACTION;
-- 执行修改操作,将价格提高100
UPDATE Products SET price = price + 100;

-- 提交事务,使所有更改永久保存
COMMIT TRANSACTION;
```

(3) Oracle。

输入▼

```
-- 执行修改操作,将价格提高100
UPDATE Products SET price = price + 100;

-- 提交事务,使所有更改永久保存
COMMIT;
```

在这4种数据库的事务执行完成后，我们可以通过SELECT语句查看更改后的结果。

输入▼

```
SELECT * FROM Products;
```

输出▼

id	prod_name	description	category_id	price	stock	create_at	update_at
1	小米手机	中国制造	1	2100.00	30	2024-05-19 17:36:29	2024-05-19 17:36:32
2	苹果手机	美国制造	4	5100.00	60	2024-05-19 17:38:35	2024-05-19 17:38:37
3	三星手机	韩国制造	2	4100.00	100	2024-05-19 17:37:22	2024-05-19 17:37:37
4	华为手机	中国制造	1	5100.00	50	2024-05-19 17:36:55	2024-05-19 17:36:57
5	vivo手机	中国制造	1	2100.00	200	2024-05-01 00:09:19	2024-05-07 00:09:23
6	谷歌手机	美国制造	4	3100.00	20	2024-05-07 00:10:21	2024-05-23 00:10:26
7	OPPO手机	中国制造	1	3100.00	90	2024-07-08 15:15:28	2024-07-08 15:15:28
8	一加手机	中国制造	1	2300.00	90	2024-07-08 19:36:43	2024-07-08 19:36:43
9	中兴手机	中国制造	1	1900.00	90	2024-07-08 19:36:43	2024-07-08 19:36:43
11	魅族手机	中国制造	1	2500.00	90	2024-07-08 19:36:43	2024-07-08 19:36:43

从输出结果可见，所有产品价格已增加100元。

> 温馨提示：
> 在之前章节中，我们直接使用UPDATE语句就能修改数据，并未添加相关事务语句，这是因为有些数据库默认把事务关闭了，无须手动COMMIT提交语句。

3. 回滚事务（ROLLBACK）

在数据库系统中，ROLLBACK命令用于撤销当前事务中自上次COMMIT或ROLLBACK命令后的所有更改。这意味着，执行ROLLBACK后，所有未提交的DML操作（如INSERT、UPDATE、DELETE）都将被撤销，数据库将恢复到该事务开始之前的状态。

【示例15-2】使用事务对产品表中的所有产品价格增加100元，后因故需要撤销更改（回滚）。

我们使用4种不同的数据库进行展示。

（1）MySQL / MariaDB。

输入▼

```
-- 开始事务
START TRANSACTION;
-- 执行修改操作，将价格提高100
UPDATE Products SET price = price + 100;

-- 撤销更改
ROLLBACK;
```

（2）SQL Server。

输入▼

```
-- 开始事务
BEGIN TRANSACTION;
-- 执行修改操作，将价格提高100
UPDATE Products SET price = price + 100;

-- 撤销更改
ROLLBACK TRANSACTION;
```

（3）Oracle。

输入▼

```
-- 执行修改操作，将价格提高100
UPDATE Products SET price = price + 100;

-- 撤销更改
ROLLBACK;
```

在这4种数据库的事务执行完成后，撤销价格，产品价格应与【示例

15-1】一致。我们通过SELECT语句来验证结果。

输入▼

```
SELECT * FROM Products;
```

输出▼

id	prod_name	description	category_id	price	stock	create_at	update_at
----	------	----------	----------	-------	----	----------	----------
1	小米手机	中国制造	1	2100.00	30	2024-05-19 17:36:29	2024-05-19 17:36:32
2	苹果手机	美国制造	4	5100.00	60	2024-05-19 17:38:35	2024-05-19 17:38:37
3	三星手机	韩国制造	2	4100.00	100	2024-05-19 17:37:22	2024-05-19 17:37:37
4	华为手机	中国制造	1	5100.00	50	2024-05-19 17:36:55	2024-05-19 17:36:57
5	vivo手机	中国制造	1	2100.00	200	2024-05-01 00:09:19	2024-05-07 00:09:23
6	谷歌手机	美国制造	4	3100.00	20	2024-05-07 00:10:21	2024-05-23 00:10:26
7	OPPO手机	中国制造	1	3100.00	90	2024-07-08 15:15:28	2024-07-08 15:15:28
8	一加手机	中国制造	1	2300.00	90	2024-07-08 19:36:43	2024-07-08 19:36:43
9	中兴手机	中国制造	1	1900.00	90	2024-07-08 19:36:43	2024-07-08 19:36:43
11	魅族手机	中国制造	1	2500.00	90	2024-07-08 19:36:43	2024-07-08 19:36:43

从输出结果可见，产品价格未发生改变，说明数据回滚成功。

4. 使用保存点（SAVEPOINT）

SAVEPOINT是数据库事务中的重要机制，允许将整个事务切割为不同的小事务（子事务），并可选择将状态回滚至某个子事务发生时的状态。使用SAVEPOINT可以更加灵活地控制事务的回滚范围，避免在出现错误时回滚整个事务。

（1）定义保存点。

在事务中使用SAVEPOINT命令来定义一个保存点。保存点名称是用户自定义的，用于后续引用。

语法： SAVEPOINT 保存点名称；

（2）回滚到保存点。

如果后续操作出现问题，可使用ROLLBACK TO SAVEPOINT命令将事务状态回滚至指定保存点。回滚后，该保存点之后的所有操作将被撤销。

> **语法**：ROLLBACK TO SAVEPOINT 保存点名称;

（3）释放保存点。

在事务提交或回滚后，所有保存点会自动释放。事务提交前，如需手动释放某个保存点，可以使用 RELEASE SAVEPOINT 命令。释放保存点不影响已执行的操作，仅移除保存点标识。

> **语法**：RELEASE SAVEPOINT 保存点名称;

> **注意**：
> （1）作用域：保存点仅在当前事务中定义和使用，一旦事务提交或回滚，所有的保存点将失效。
> （2）回滚的限制：回滚至某个保存点后，无法再回滚至该保存点之前的另一个保存点。此外，尝试回滚至一个不存在的保存点，数据库将报错。
> （3）保存点的数量：单个事务中可定义多个保存点，但过多保存点会增加逻辑复杂度，建议按需设置。
> （4）事务的完整性：使用保存点不影响事务的完整性。无论事务内进行了多少次回滚，事务最终提交后，对外部观察者而言，该事务中的所有更改都是原子的、一致的、隔离的和持久的（ACID 特性）。

【示例 15-3】更改产品表中小米手机和魅族手机的价格，分别上涨 100 元，并在修改语句的过程中设置保存点以便在出现问题时回滚。

输入▼

```
-- 开始事务
START TRANSACTION;
-- 修改第一条数据
UPDATE Products SET price = price + 100 WHERE name = '小米手机';
-- 设置第一个保存点
SAVEPOINT savepoint1;
-- 修改第二条数据
```

```
UPDATE Products SET price = price + 100 WHERE name = '魅族手机';

-- 假设此时发现第一条数据有误,不需要涨价100元,需要回滚到第一个保
存点
ROLLBACK TO SAVEPOINT savepoint1;
-- 提交事务
COMMIT;
```

分析▼

从输入语句可见,小米手机的价格并没有上涨成功,而魅族手机的价格上涨了100元。我们通过SELECT语句来验证结果。

输入▼

```
SELECT * FROM Products WHERE prod_name IN('小米手机', '魅族手机');
```

输出▼

id	prod_name	description	category_id	price	stock	create_at	update_at
1	小米手机	中国制造	1	2100.00	30	2024-05-19 17:36:29	2024-05-19 17:36:32
11	魅族手机	中国制造	1	2600.00	90	2024-07-08 19:36:43	2024-07-08 19:36:43

从输出结果可见,小米手机的价格没有变化,而魅族手机的价格上涨了100元,这与我们的预期一致。

15.3 实例19:利用AI工具快速编写事务相关的SQL语句

【实例要求】

现有一张名为accounts的数据库表,用于存储银行账户信息,包括账户ID(account_id)、账户持有者姓名(holder_name)和账户余额(balance)。现在,我们需要执行一个包含以下操作的事务。

(1)从账户A(假设account_id为1001)中扣除一定金额(如1000元)。

（2）将扣除的金额存入账户 B（假设 account_id 为 1002）。

（3）如果在扣除或存入过程中发生任何错误（如账户余额不足、违反数据库约束等），则整个事务应回滚，以确保资金不会发生错误转移或异常增减。

【思路分析】

（1）事务的必要性：转账操作涉及两个账户的变动，即账户 A 的扣款和账户 B 的存款。这两个操作必须同时成功或同时失败，以保持资金流动的准确性和数据的一致性。如果只执行了扣款操作而未成功存款，或者存款后扣款失败导致资金回滚，都会造成资金的不平衡和逻辑错误。

（2）使用事务的优势：事务提供了原子性，即事务中的所有操作要么全部成功，要么全部失败回滚，不会出现部分成功的情况。通过事务的隔离性，可以防止在转账过程中其他事务对相同数据的干扰，保证操作期间数据的一致性。持久性确保一旦事务被提交，其更改将永久保存在数据库中，即使发生系统故障也不会丢失。

（3）错误处理与回滚：在执行转账操作前，应检查账户 A 的余额是否足够。如果不足，应立即回滚事务，避免执行无效的扣款操作。如果在执行扣款或存款过程中遇到任何数据库错误（如违反唯一性约束、数据类型错误、连接中断等），也应立即回滚事务，以恢复数据到事务开始前的状态。应用程序必须捕获并处理这些潜在的异常，确保在发生错误时能够正确地回滚事务。

（4）提交事务的时机：只有在确认所有操作都成功执行，且没有违反任何业务规则或数据库约束时，才应提交事务。提交事务后，数据库将保证这些更改的持久性，即使发生系统故障也不会丢失。

【操作步骤】

我们以 DeepSeek 为例，向其提问以快速编写相关的 SQL 语句。在使用 DeepSeek 之前，我们需要清晰地描述需求。

☆提示词：

现有一张名为 accounts 的数据库表，用于存储银行账户信息，包括账户ID（account_id）、账户持有者姓名（holder_name）和账户余额（balance）。现在，我们需要执行一个包含以下操作的事务。

- 从账户A（假设account_id为1001）中扣除一定金额（如1000元）。
- 将扣除的金额存入账户B（假设account_id为1002）。
- 如果在扣除或存入过程中发生任何错误（如账户余额不足、违反数据库约束等），则整个事务应回滚，以确保资金不会发生错误转移或异常增减。

☆DeepSeek回答：

> 用户需要处理一个银行转账的事务，确保操作的原子性。
>
> 首先，需要考虑如何利用SQL事务实现这个需求。用户提到的表为accounts，包括account_id、holder_name和balance字段。具体操作为：从账户A（account_id = 1001）扣除1000元，并存入账户B（account_id =1002）。若过程中发生任何错误，均需回滚整个事务。
>
> 其次，需要确保事务的ACID特性，特别是原子性，即两个操作必须同时成功或同时失败。因此，应使用BEGIN TRANSACTION或START TRANSACTION启动事务，执行两个更新操作，最后提交（COMMIT）。若中间发生错误，则执行回滚（ROLLBACK）。
>
> 再次，潜在的问题点如下。
>
> （1）账户A余额是否充足：在扣除操作前，应验证余额是否低于1000元。可在更新语句中直接加入条件"UPDATE accounts SET balance=balance-1000 WHERE account_id=1001 AND balance>=1000;"。此方式可规避余额不足的情况。执行后需检查受影响的行数（ROW_COUNT()），若为零，则表明余额不足或账户不存在，此时应触发回滚。
>
> （2）账户B的存款操作：执行"UPDATE accounts SET balance=balance+1000 WHERE account_id=1002;"，同样需检查受影响行数。
>
> （3）数据库约束违反：如账户不存在、外键约束冲突等，也可能导致更新失败（影响行数为零），此时亦需回滚。

最后,实现步骤概要如下。

(1)开启事务。

(2)扣除账户A余额(附带余额充足条件)。

(3)验证步骤(2)是否成功(通过受影响行数判断)。

(4)增加账户B余额。

(5)验证步骤(4)是否成功。

(6)若所有步骤均成功,则提交事务;否则回滚。

以下为实现该转账事务的SQL示例及说明(以PostgreSQL语法为例)。

```
BEGIN; -- 开始事务
-- 1. 从账户A扣除金额(确保余额足够)
UPDATE accounts
SET balance = balance - 1000
WHERE account_id = 1001
  AND balance >= 1000; -- 关键条件:防止透支

IF NOT FOUND THEN -- 检查是否成功扣除
   ROLLBACK;
   RAISE EXCEPTION '扣除失败:账户不存在或余额不足';
END IF;

-- 2. 向账户B存入金额
UPDATE accounts
SET balance = balance + 1000
WHERE account_id = 1002;

IF NOT FOUND THEN -- 检查账户B是否存在
   ROLLBACK;
```

```
    RAISE EXCEPTION '存入失败：接收账户不存在';
END IF;


COMMIT; -- 提交事务
```

☆结果说明：
- 如果事务被成功提交，那么accounts表中账户A的余额将减少1000元，账户B的余额将增加1000元。
- 如果事务被回滚（由于检测到错误），那么accounts表中账户A和账户B的余额均保持不变，如同事务从未执行。

15.4 本章小结

通过本章的探讨，我们深入理解了数据库事务的基本概念、特性、管理策略及其在实际应用中的重要性。事务作为数据库操作的基本单位，通过其ACID特性确保了数据的一致性和完整性，为业务的稳定运行提供了坚实基础。同时，我们也认识到事务处理在复杂场景下面临的挑战及未来发展趋势。因此，作为数据库管理领域的从业者或学习者，应不断关注该领域的前沿动态，不断提升专业技能与复杂问题处理能力，以更好地应对未来的挑战和机遇。在这个AI时代，我们也要学会利用AI工具快速编写相关事务语句。

15.5 过关练习

1. 谈谈你对事务的理解。

2. 使用事务的形式，删除用户表中用户名为"小红"的记录。

第16章 游标

在数据库管理系统中，游标作为一种核心的数据操作控制结构，扮演着至关重要的角色。它类似于编程语言中的指针或迭代器，为开发者提供了一种遍历和处理数据库查询结果集的灵活方式。无论是进行复杂的数据分析、批量数据更新，还是实现精细的数据管理任务，游标都展现出了其不可替代的价值。本章将详细阐述数据库游标的概念、工作原理、使用步骤及在不同数据库管理系统（如MySQL、Oracle、SQL Server）中的具体应用，帮助读者深入理解并高效利用这一强大工具。

【学习目标】
- 掌握游标的基本概念。
- 了解游标在不同数据库系统中的应用。
- 学会利用AI工具快速编写游标相关的SQL语句。

16.1 游标的基本概念

游标（Cursor）是数据库管理系统中的一个重要概念，它提供了一种机制，允许开发者对数据库中的查询结果进行逐行访问和处理。游标类似于编程语言中的指针或迭代器，专门作用于数据库查询结果集。通过使用游标，开发者可以遍历查询结果集中的每一行数据，并对这些数据执行读取、更新或删除等操作。

游标的主要特点如下。

（1）逐行处理：游标允许开发者对查询结果集中的每一行进行单独处理。这在处理大量数据或对每行数据执行复杂操作（如根据前一行数据的结果决定后续操作）时尤为有用。

（2）控制数据访问：游标提供了对数据访问的细粒度控制。开发者可以决定何时从结果集中检索下一行数据，何时停止检索，以及如何更新或删除当前行数据。

（3）操作灵活性：游标的使用增加了数据库操作的灵活性。开发者可以结合条件语句和循环结构，编写显著功能强大且复杂的数据库处理逻辑。

（4）资源消耗：需要注意的是，游标的使用会带来一定的资源消耗。每次打开游标时，数据库系统都会分配相应的资源来维护游标的状态和结果集。因此，在无须逐行处理数据时，应避免使用游标以节省系统资源。

> 温馨提示：
> 游标通常适用于以下场景。
> - 需要对查询结果集中的每一行数据进行单独处理。
> - 在处理过程中，需要根据当前行的数据动态决定后续操作。
> - 需要执行复杂的数据库操作逻辑，如嵌套查询、条件判断等。

16.2 游标的使用

游标的使用通常分为5个步骤：定义游标、打开游标、提取数据、处理数据、关闭和释放游标。

1. 定义游标

定义游标可以使用DECLARE语句。在此过程中，需要指定游标的名称及其要遍历的查询结果集（通常是一个SELECT语句）。这个查询结果集在游标被打开之前仅被定义，而不会被实际执行或检索。

输入▼

```
DECLARE test_Cursor CURSOR FOR
SELECT prod_name, price
FROM Products;
```

这里定义了一个名为test_Cursor的游标，它将遍历Products表中所有行的 prod_name 和 price 列。

> **温馨提示：**
> 不同的数据库定义游标的方式存在差异。上述定义游标的方式适用于 DB2、MariaDB、MySQL 和 SQL Server。Oracle 和 PostgreSQL 定义游标的方式如下：
>
> DECLARE test_Cursor CURSOR IS
> SELECT prod_name, price
> FROM Products;

2. 打开游标

通过 OPEN 语句打开游标。此操作执行游标声明时指定的查询，将查询结果集与游标关联，并将游标定位在结果集第一行之前或在某些数据库实现中位于第一行上（具体取决于游标类型）。此时，结果集已确定，但尚未检索具体数据行。

输入▼

```
OPEN test_Cursor;
```

3. 提取数据

使用 FETCH 语句从游标中提取数据。FETCH 语句将游标移动到结果集的下一行（首次提取时移至第一行），并返回当前行的数据。FETCH 操作可以重复进行，每次调用都会将游标移动到下一行并返回该行的数据，直至到达结果集的末尾。如果尝试在结果集末尾之后继续提取数据，则可能会返回一个特殊的指示符（如 SQL_NO_DATA_FOUND），表示没有更多的数据可供提取。我们现在来提取 test_Cursor 游标。

输入▼

```
FETCH NEXT FROM test_Cursor INTO @prod_name, @price;
```

这里声明了两个变量 @prod_name 和 @price 来存储从游标中提取的数据。FETCH NEXT 表示提取下一行数据，并将其存储在指定的变量中。

> **注意：**
> FETCH语句支持多种选项，如NEXT、PRIOR、FIRST、LAST等，用于控制游标的移动方向和位置。

4. 处理数据

提取数据后，即可基于当前行的数据进行读取、更新或删除等操作。需注意，在某些数据库系统中，更新或删除游标当前指向的行可能需要特定的语法或函数，此类操作可能影响游标的当前位置和结果集状态。

5. 关闭和释放游标

完成结果集处理后，应使用CLOSE语句关闭游标。关闭操作释放数据库系统为该游标分配的资源，并断开其与结果集的关联。某些数据库系统还支持使用DEALLOCATE语句彻底删除游标对象以进一步释放资源。

（1）关闭游标。

输入▼

```
CLOSE test_Cursor;
```

（2）删除游标。

输入▼

```
DEALLOCATE test_Cursor;
```

> **温馨提示：**
> 根据特性和行为，游标可分为不同类型，如静态游标、动态游标、键集驱动游标等。它们在性能、功能和适用场景上各有差异。
> ● 静态游标：结果集在游标打开时确定，并在其整个生命周期内保持不变。静态游标不反映对基础数据所做的任何后续更改。
> ● 动态游标：当滚动游标时，动态游标实时反映结果集中发生的所有更改。这意味着在游标打开期间，基础数据的变更会体现在游标结果中。
> ● 键集驱动游标：此类游标由一组唯一标识符（称为键集）控制。键集由结果集中能唯一标识行的列构成。游标打开时保存整个结果集的键，从而固定了结果集的成员身份和行的顺序。

> **注意：**
> ● 游标的使用会增加数据库服务器的负担，由于其需要逐行处理数据，可能占用大量内存和 CPU 资源。因此，在可能的情况下，应尽量避免使用游标，或者尽可能减少游标的使用。
> ● 在使用游标时，应注意控制游标的生命周期，及时关闭和释放游标，以避免资源泄露和潜在的性能问题。
> ● 在设计数据库应用时，应优先考虑使用集合操作（如 JOIN、GROUP BY 等）处理数据，以提高查询效率和整体性能。若必须使用游标来处理数据，则应仔细规划游标的使用方式和策略。

16.3 不同数据库系统中的游标应用

在不同数据库系统中，游标的应用是数据库编程中的一个重要概念，用于逐行遍历查询结果集并对每行数据进行处理。以下是几种常见数据库系统中游标应用的概述。

1. Oracle

在 Oracle 数据库中，游标分为显式游标和隐式游标两种。

● 显式游标：通过 PL/SQL 语句显式声明和操作。开发者需要声明游标变量，并通过打开、关闭、获取和处理游标来操作查询结果集。显式游标提供了对查询结果集的精细控制，适用于复杂的业务逻辑处理。

● 隐式游标：Oracle 数据库中的默认游标，无须显式声明和操作。它在执行 SQL 语句时自动创建，可通过隐式游标属性访问查询结果集。隐式游标简化了对简单查询结果集的处理。

2. SQL Server

在 SQL Server 中，游标是一种控制结构，用于在查询结果集中导航并处理数据。

● 游标可用于更新、删除或插入数据，实现对结果集中数据的修改。

● 游标可逐行检索数据，实现对结果集中数据的逐行读取。

- 游标常用于数据分析、数据导出和数据分页等场景。

在 SQL Server 中，使用 DECLARE CURSOR 语句创建游标，并使用 OPEN、FETCH、CLOSE 和 DEALLOCATE 语句操作游标。

3. MySQL

MySQL 中的游标主要用于在存储过程或函数内处理查询结果集。
- 使用 DECLARE 语句定义游标并指定查询。
- 使用 OPEN 语句打开游标，执行查询语句并将结果集存储在游标中。
- 使用 FETCH 语句获取游标中的数据行并进行处理。
- 处理完游标数据后，使用 CLOSE 语句关闭游标以释放资源。
- 使用 DEALLOCATE PREPARE 语句释放游标。

MySQL 中的游标提供了一种在存储过程或函数中遍历结果集并对每行进行操作的方法，增强了数据处理的灵活性和能力。

4. PostgreSQL

PostgreSQL 中的游标使用方式与其他数据库系统类似，但也有特定的语法和用法。
- 在 SQL 命令级别使用游标时，通过 DECLARE 语句定义游标，使用 FETCH、MOVE 和 CLOSE 语句操作游标。
- 在 PL/pgSQL 函数中使用游标时，可以定义带有参数的游标，并在函数中打开、使用和关闭游标。

PostgreSQL 中的游标同样提供了对查询结果集的逐行访问和处理能力，适用于需要精细控制数据处理逻辑的场景。

不同数据库系统中的游标应用虽然存在语法和细节上的差异，但其基本原理和核心用法相似。游标提供了一种在数据库编程中逐行处理查询结果集的有效方法，使开发者能够实现对数据的精细控制和复杂业务逻辑的处理。在使用游标时，需要注意其对性能的影响，应尽量优化查询语句和游标的使用方式，以提高数据库应用的整体性能。

16.4　实例20：利用AI工具快速编写游标相关的SQL语句

【实例要求】

现需开发一个数据库应用，要求编写一个游标语句来遍历employees表中的所有记录，并对每条记录的员工姓名（employee_name）和部门编号（department_id）进行特定的处理（如输出到控制台或用于后续的逻辑判断）。我们可利用DeepSeek快速编写该游标语句。

【思路分析】

（1）明确需求：需要编写一个游标，用于遍历employees表，并处理每条记录的员工姓名和部门编号。

（2）了解游标的基本操作：包括定义游标、打开游标、提取数据、处理数据、关闭游标及释放游标。

（3）构建指令：向DeepSeek提供清晰的指令，说明需求及希望生成的游标语句的框架。

（4）利用DeepSeek生成代码：将指令输入DeepSeek，生成游标语句的初始版本。

（5）审核与调整：对DeepSeek生成的游标语句进行审核，并根据实际数据库系统和需求进行修改。

【操作步骤】

☆提示词：

请编写一个游标语句，用于遍历employees表，并提取每条记录的员工姓名（employee_name）和部门编号（department_id），假设我将在提取后对这些数据进行处理（如输出）。

☆DeepSeek回答：

> 现在需要帮用户编写一个游标语句，用于遍历employees表，提取员工姓名（employee_name）和部门编号（department_id），并进行后续处理（如输出）。

首先，需确定用户使用的数据库类型，不同数据库（如Oracle、MySQL、PostgreSQL）的游标语法存在差异。用户未特别说明，可假设为常见的Oracle或MySQL。

游标的基本结构通常包括定义游标、打开游标、提取数据、处理数据、关闭及释放游标。在PL/SQL（Oracle）中，步骤涉及DECLARE CURSOR、OPEN、FETCH INTO变量。在MySQL中，则需使用DECLARE CONTINUE HANDLER处理循环结束条件。

其次，用户需提取employee_name和department_id两个字段，因此游标需查询（SELECT）这两个字段。随后，用户需循环提取每条记录并进行处理（如输出）。这要求在PL/SQL块中定义变量存储字段值，在循环中将数据提取（FETCH）到这些变量中并进行处理。

最后，用户提及在提取后处理数据（如输出）。在数据库存储过程中，输出通常使用DBMS_OUTPUT.PUT_LINE（Oracle）或SELECT语句（MySQL）。若需编写完整的PL/SQL块，则应包含相应的输出语句。

如果用户使用的是Oracle，那么示例代码如下。

```
DECLARE
    CURSOR emp_cursor IS
        SELECT employee_name, department_id
        FROM employees;
    v_ename employees.employee_name%TYPE;
    v_deptno employees.department_id%TYPE;
BEGIN
    OPEN emp_cursor;
    LOOP
        FETCH emp_cursor INTO v_ename, v_deptno;
        EXIT WHEN emp_cursor%NOTFOUND;
        -- 输出数据
```

```
            DBMS_OUTPUT.PUT_LINE('员工姓名：' || v_ename || ', 部
            门编号：' || v_deptno);
    END LOOP;
    CLOSE emp_cursor;
END;
```

☆结果说明：

通过上述步骤，我们成功利用 DeepSeek 快速编写了一个游标语句，该语句能够遍历 employees 表中的所有记录，提取每条记录的员工姓名和部门编号，并通过一个 LOOP 循环来处理这些数据（如输出到控制台）。虽然 DeepSeek 生成的代码可能需要根据具体的数据库系统和实际情况进行调整，但它提供了一个良好的起点，能显著提高编码效率。

16.5　本章小结

通过学习本章内容，我们认识到数据库游标作为数据操作的重要工具，在复杂数据处理场景中发挥着不可替代的作用。游标凭借其灵活性与强大的数据处理能力，为开发者提供了丰富的操作手段。然而，我们也需关注游标使用中的性能挑战，并应在适当的场景下选择更高效的解决方案。未来，随着数据库技术的持续发展，期待游标性能进一步优化，并能与其他高级数据库特性结合，为数据管理与分析带来更多便利与可能。总之，掌握游标的使用对提升数据库开发效率与数据处理能力具有重要意义。

16.6　过关练习

1. 谈谈你对游标的理解。

2. 请编写一个 SQL 游标，用来遍历产品表中所有产品价格高于 4000 元的产品，并输出产品名称和产品价格。

第17章 高级SQL特性

在数据库管理系统中，高级特性不仅是保证数据完整性和一致性的关键，也是提升数据库性能、增强安全性的重要手段。从基础的约束（如外键、唯一约束、检查约束）到复杂的索引策略、触发器机制，再到数据库安全的全方位防护，这些高级特性共同构建了现代数据库系统的坚固基石。本章将深入探讨这些高级特性的原理、应用场景及它们如何协同工作，以助力读者更好地理解和应用数据库技术，确保数据的准确性、高效性和安全性。

【学习目标】
- 掌握约束、索引、触发器等高级特性。
- 了解数据库安全、权限相关内容。
- 了解AI工具在编写高级特性中的应用。

17.1 约束

数据库约束（Constraint）是数据库表中用于限制或确保数据正确性和可靠性的规则。这些约束既可以在创建表时定义，也可以在表创建后通过ALTER TABLE语句添加。数据库约束有助于维护数据的完整性，包括实体完整性、参照完整性和用户定义的完整性。数据库约束可分为以下几种。

1. 主键约束

主键约束（Primary Key Constraint）在前文创建产品表（Products）时已接触过，其中id列就是一个主键约束。

主键是用来唯一标识表中每一行的列或列组合。它必须具有唯一性且不允许为空值。

主键约束具有以下作用。

（1）确保数据完整性：防止表中出现重复记录和空值，从而保障了数据的完整性。

（2）实现快速数据检索：基于主键列值的唯一性及其通常被数据库索引的特性，使用主键能够高效地检索、更新或删除表中的记录。

（3）维护关系完整性：在关系型数据库中，主键常被用作外键以建立表间关联。外键引用自其他表的主键，是维护表间参照完整性的关键机制。

（4）提供唯一标识符：主键可作为表中每行记录的唯一标识符，在应用程序中常用于引用或处理特定记录。

在创建表时，可使用 PRIMARY KEY 关键字定义主键约束。主键约束可分为单列主键和复合主键。例如，产品 ID 即为单列主键；复合主键则由多个列组合构成。

【示例 17-1】创建一张学生表，并将学生表中的 student_id 设为主键。

输入▼

```
CREATE TABLE Students (
    student_id INT PRIMARY KEY,
        name VARCHAR(100),
        sex INT,
        age INT,
    student_number VARCHAR(100)
);
```

分析▼

从上述示例可见，为学生表中的 student_id 创建主键，只需在其定义后加上 PRIMARY KEY 关键字即可。需注意，一个表仅允许存在一个主键。

【示例 17-2】创建一张选课表，并将 student_id 和 course_id 列的组合定义为主键。

输入▼

```
CREATE TABLE CourseEnrollments (
  student_id INT,
  course_id INT,
  enrollment_date DATE,
  PRIMARY KEY (student_id, course_id)
);
```

分析▼

在上述示例中，student_id 和 course_id 列的组合被定义为主键，这意味着表中不允许存在 student_id 和 course_id 值均相同的两条记录。

注意：

（1）在选择主键时，应选择能够唯一标识表中每一行记录的列或列组合。

（2）主键列的值通常不建议修改，因为主键用于唯一标识记录。如果确实需要更改主键值，应在具有适当的事务控制和错误处理的情况下，谨慎操作（如先删除旧记录再插入新记录）。

（3）某些数据库系统（如 MySQL）允许在创建表之后使用 ALTER TABLE 语句添加或删除主键约束。

2. 唯一约束

唯一约束（Unique Constraint）用于确保某一列或列组合的取值在表中是唯一的，即不允许重复值。与主键约束不同，唯一约束允许存在空值。

温馨提示：

唯一约束具有以下特点。

（1）唯一性：被唯一约束修饰的字段或字段组合的值在表中必须是唯一的。

（2）允许空值：唯一约束允许字段中存在空值（NULL）。但请注意，对于多个字段组合成的唯一约束，如果这些字段中至少有一个字段的值为空，那么这些记录在唯一性检查中可能被视为不相等（取决于具体数据库实现）。

（3）可组合性：唯一约束既可以应用于单个字段，也可以应用于多个字段的组合。

（4）唯一约束常用于以下场景。
- 确保某个字段（如电子邮件地址、用户名等）在表中的值是唯一的，以避免数据重复。
- 在没有主键或需要额外唯一性保证的字段上实施数据唯一性。
- 当表中有多个字段需要联合保证唯一性时，可以使用唯一约束的组合字段功能。

唯一约束是通过关键字 UNIQUE 创建的，其创建语法如下。

语法：
```
-- 在创建表时添加唯一约束
CREATE TABLE table_name (
    column1 datatype CONSTRAINT constraint_name UNIQUE,
    column2 datatype,
    ...
    UNIQUE (column_x, column_y, ...) -- 为多个字段组合设置唯一约束
);

-- 或者在表创建后添加唯一约束
ALTER TABLE table_name
ADD CONSTRAINT constraint_name UNIQUE (column_x, column_y, ...);
```

说明：
约束可以通过多个字段来创建组合索引。constraint_name 代表约束名，可以自定义，但在同一表中不能重复。约束名应尽量具有实际意义，避免随意取名。

如需删除表中的唯一约束，可通过 ALTER TABLE 语句来实现。其语法如下。

语法： ALTER TABLE table_name DROP CONSTRAINT constraint_name;

唯一约束与主键约束的区别如下。

（1）空值处理：唯一约束允许空值，而主键约束不允许空值。

（2）数量限制：一个表只能有一个主键约束，但可以有多个唯一约束。

（3）功能定位：主键约束主要用于唯一标识表中的每一行记录，而唯一约束则用于确保表中某个字段或字段组合的值是唯一的，但不一定用作记录的唯一标识。

【示例17-3】给学生表中的学号（student_number）添加一个唯一约束。

输入▼

```
ALTER TABLE Students
ADD CONSTRAINT unique_student_number UNIQUE (student_number);
```

分析▼

在这个例子中，我们给学生表中的学号（student_number）添加了一个名为unique_student_number的唯一约束。

3. 外键约束

外键约束（Foreign Key Constraint）是数据库设计中用于实现参照完整性的关键机制，它确保了数据库中表与表之间数据的一致性和完整性。

外键约束是指在一个表（子表或从表）中定义的字段，其值必须匹配另一个表（父表或主表）的主键或唯一键字段的值。

外键约束具有以下作用。

（1）确保数据的引用完整性：外键约束要求子表中的外键字段值必须在父表的主键或唯一键字段值中存在，从而防止无效或孤立的数据记录。

（2）保持数据的一致性：当父表中的数据发生变化时（如更新或删除），外键约束可定义相应的规则来自动处理子表中的相关数据，确保数据的一致性。

外键约束可定义多种规则来处理父表和子表之间的数据关系，常见的规则如下。

（1）拒绝操作（NO ACTION）（默认）：如果尝试删除或更新父表中

被子表外键引用的记录,数据库将拒绝该操作以保持数据的完整性。

(2)级联操作(CASCADE):当父表中的记录被删除或更新时,子表中所有引用该记录的记录也将被自动删除或更新。

(3)置空操作(SET NULL):当父表中的记录被删除时,子表中所有引用该记录的外键字段值将被设置为NULL(前提是这些字段允许NULL值)。

(4)置默认值(SET DEFAULT,某些数据库支持):当父表中的记录被删除时,子表中所有引用该记录的外键字段值将被设置为该字段定义的默认值。

在SQL中,外键约束既可以在创建表时直接定义,也可以在表创建后通过ALTER TABLE语句添加。删除外键约束通常使用ALTER TABLE语句配合DROP FOREIGN KEY子句。其语法如下。

语法:
```
-- 在创建表时添加外键约束

CREATE TABLE 子表名 (
  ...
  外键字段名 数据类型,
  ...
  CONSTRAINT 外键名称 FOREIGN KEY (外键字段名) REFERENCES 父表名(主键字段名)
      ON DELETE CASCADE  -- 或者 ON DELETE SET NULL 等
      ON UPDATE CASCADE  -- 或者其他更新规则
);
-- 或者在表创建后添加外键约束
ALTER TABLE 子表名
ADD CONSTRAINT 外键名称 FOREIGN KEY (外键字段名) REFERENCES 父表名(主键字段名)
    ON DELETE CASCADE  -- 或者 ON DELETE SET NULL 等
    ON UPDATE CASCADE; -- 或者其他更新规则
```

说明：

外键名称在表中不可重复。子表和父表指代具有关联关系的两张表。例如，订单表的ID存储在订单详情表中，即可将订单详情表中的订单ID设置为指向订单表ID的外键。

删除外键的语法如下。

语法：ALTER TABLE 子表名 DROP FOREIGN KEY 外键名称;

【示例17-4】将订单详情表（OrderDetail）中的订单ID字段（order_id）设置为一个外键，引用订单表（Orders）的主键字段（id）。

输入▼

```
ALTER TABLE  OrderDetail
ADD CONSTRAINT fk_order_id FOREIGN KEY  (order_id)
REFERENCES Orders(id);
```

注意：

（1）数据类型一致性：外键字段的数据类型必须与父表主键或唯一键字段的数据类型一致。

（2）外键字段的NULL值：如果外键字段允许NULL值，则子表中可以存在外键字段值为NULL且无对应父表记录的记录。

（3）性能影响：外键约束可能会对数据库的性能产生一定影响，特别是在进行大量数据操作时。因此，在设计数据库时需要根据实际情况权衡外键约束的利弊。在实际业务场景中，出于性能和灵活性考虑，一般不给表字段设置外键关系。

4. 非空约束

非空约束（Not Null Constraint）用于确保表中的某一列（字段）不允许存储NULL值。该约束强制要求该列在插入新记录或更新现有记录时，必须提供一个有效的、非NULL的值。

注意：

（1）向包含非空约束的列插入或更新数据时，必须提供有效的非NULL

值，否则数据库将拒绝操作并返回错误。

（2）在某些情况下，若表中某列已存在 NULL 值，则需为该列添加非空约束，必须先将这些 NULL 值更新为有效值，才能成功添加约束。

（3）非空约束是直接应用于列上的表级别约束，通常在列定义时使用 NOT NULL 关键字指定。

5. 默认约束

默认约束（Default Constraint）指定了当插入新记录且某列没有指定值时，该列应该使用的默认值。这种机制有助于减少数据输入错误、确保数据完整性、简化数据管理。通过为常见值（如日期、状态、标识符等）设置默认值，可以显著减少人工干预，降低错误率。

注意：

（1）默认值的选择：应根据实际业务逻辑和数据完整性要求合理设置默认值。

（2）性能影响：在大多数情况下，默认约束对数据库性能的影响微乎其微。但在高并发、高数据量的场景中，频繁的默认值插入可能会带来一定的性能开销。

（3）修改与删除：默认约束可通过 ALTER TABLE 语句进行修改或删除。如果需要更改默认值或移除默认约束，可以使用相应的 SQL 语句进行操作。

（4）与其他约束的配合使用：默认约束通常与其他类型的约束（如主键约束、外键约束、唯一约束、检查约束等）一起使用，以共同维护数据的完整性和一致性。

6. 检查约束

检查约束（Check Constraint）通过定义一个逻辑表达式（布尔表达式），限制表中数据的插入、更新和删除操作。只有当操作导致的数据满足检查约束的条件时，操作才被允许执行；否则，数据库系统将拒绝这些操作并返回错误消息。检查约束的主要目的是保证数据的业务规则和逻辑完整性。检查约束可分为列级检查约束和表级检查约束。

（1）列级检查约束。

列级检查约束是将 CHECK 约束子句直接写在列定义之后，仅对该列的值进行约束。

> **语法：**
> ```
> -- 在创建表时添加列级检查约束
> CREATE TABLE table_name (
>     column1 datatype CHECK (condition),
>     column2 datatype,
>     ...
> );
> -- 或者在表创建后添加列级检查约束
> ALTER TABLE table_name
> MODIFY COLUMN column_name datatype CHECK (condition);
> ```

> **说明：**
> condition 是一个布尔表达式，用于指定需要检查的限定条件，可包含列名、比较运算符（如 >、<、=）、逻辑运算符（如 AND、OR、NOT）等，以实现对表中数据的复杂约束。datatype 代表数据类型。

（2）表级检查约束。

表级检查约束是将 CHECK 约束子句置于所有列定义之后，可以引用表中的多个列，对多列的值进行组合约束。

> **语法：**
> ```
> -- 在创建表时添加表级检查约束
> CREATE TABLE table_name (
>     column1 datatype,
>     column2 datatype,
>     ...
>     CONSTRAINT constraint_name CHECK (condition)
> );
> -- 或者在表创建后添加表级检查约束
> ```

```
ALTER TABLE table_name
ADD CONSTRAINT constraint_name CHECK (condition);
```

> 说明：
> constraint_name表示约束名。

> 注意：
> （1）表达式复杂度：检查约束中的表达式可以相对复杂，但应避免使用过于复杂的逻辑，以免影响数据库性能。
> （2）跨列约束：检查约束不仅可以针对单个列，还可以基于多个列的值进行定义。但检查约束不能引用其他表中的值。
> （3）数据库兼容性：不同的数据库系统对检查约束的支持程度可能有所不同。
> （4）性能影响：虽然检查约束有助于保证数据质量，但在数据量极大或约束条件复杂时，可能会对数据库性能产生一定影响。因此，在设计数据库时，需要权衡数据完整性和性能之间的平衡。

【示例17-5】给产品表（Products）中的产品价格（price）添加一个检查约束，要求产品价格必须超过0。

输入▼

```
ALTER TABLE Products
ADD CONSTRAINT chk_price CHECK (price > 0);
```

分析▼

为产品表添加了一个表级检查约束chk_price，要求price列的值必须大于0。添加此约束后，修改产品价格时，新值必须大于0，否则系统会报错。

> 注意：
> 如果使用的数据库系统不支持检查约束（如较旧版本的MySQL），需要通过其他方式（如触发器、应用程序逻辑等）来确保数据的完整性。

7. 自增长约束

自增长约束（Auto-Increment Constraint）是通过给字段添加 AUTO_INCREMENT 属性来实现的。当向表中插入新记录时，若该字段被设置为自增长，数据库会自动为其生成一个唯一的值，通常是比当前该字段最大值大1的整数。这个特性主要用于主键字段，以确保每条记录都有一个唯一的标识符。

> **温馨提示：**
> 自增长约束具有以下特点。
> （1）自动赋值：在插入新记录时，自增长字段的值会自动生成，无须用户手动指定。
> （2）唯一性：自增长字段的值必须是唯一的，以确保每条记录都能被唯一标识。
> （3）连续性：在默认情况下，自增长字段的值是连续递增的。
> ● 删除记录（DELETE）通常不会重置自增长序列的当前值，后续插入会从当前最大值之后继续递增。
> ● 使用 TRUNCATE TABLE 语句清空表时，在某些数据库系统中（如 MySQL），自增长序列通常会被重置为初始值（通常是1）；在另一些系统中（如 PostgreSQL），默认行为可能不同（需配合 RESTART IDENTITY 选项）。具体行为取决于数据库系统、存储引擎和配置。
> （4）整数类型：自增长字段只能是整数类型，如 TINYINT、SMALLINT、INT、BIGINT 等。
> （5）非空性：自增长字段必须具备 NOT NULL 属性，因为空值（NULL）在数据库中无意义，而自增长字段需要确保每条记录都有一个唯一的标识符。

语法：
```
-- 在创建表时添加自增长约束
CREATE TABLE table_name (
  column1 datatype PRIMARY KEY AUTO_INCREMENT,
  column2 datatype,
  ...
);
```

```
-- 或者在表创建后添加自增长约束
ALTER TABLE table_name
MODIFY COLUMN id INT AUTO_INCREMENT;
```

> **说明：**
> 通常，AUTO_INCREMENT 和主键（PRIMARY KEY）一起使用。该列的数据类型（datatype）只能是整数类型。如果尝试将其设置为字符串类型，数据库将会报错。

> **注意：**
> （1）自增长字段的最大值：自增长字段的值受其数据类型的约束。如果达到该数据类型的最大值，再尝试插入新记录时会导致错误。
> （2）删除与截断：使用 DELETE 语句删除记录时，通常不会重置自增长序列的值。后续插入操作将继续从当前序列最大值之后递增（具体行为可能受存储引擎和配置影响）。使用 TRUNCATE TABLE 语句会重置自增长序列的值为其初始值（通常为1）。
> （3）主键与自增长：虽然自增长字段通常用作主键，但并非所有主键都必须自增长。同时，一个表中只能有一个自增长字段。

17.2 实例21：利用AI工具快速创建表的约束

【实例要求】

现需为名为 employees 的数据库表创建约束，以确保数据的完整性和一致性。该表需包含以下字段：员工ID（employee_id，主键且唯一）、姓名（first_name）、姓氏（last_name）、入职日期（hire_date）及薪资（salary，要求非负）。

【思路分析】

（1）确定字段和数据类型：明确每个字段的名称和数据类型，如 employee_id 为整数（INT）类型，first_name 和 last_name 为可变长字符串（VARCHAR）类型，hire_date 为日期（DATE）类型，salary 为带小数点的数字（DECIMAL）类型。

（2）设置主键约束：将 employee_id 作为主键，确保每个员工的唯一性。

（3）设置非负约束：为 salary 字段添加检查约束（CHECK），确保其值非负（salary>=0）。

（4）编写 SQL 语句：根据上述分析，编写创建表（CREATE TABLE）的 SQL 语句，并在其中定义相应约束。

【操作步骤】

我们以 DeepSeek 为例，向其提问以快速编写 SQL 语句。在使用 DeepSeek 之前，我们需要清晰地描述需求。

☆提示词：

现需为名为 employees 的表创建约束，以确保数据的完整性和一致性。该表需要包含以下字段：员工 ID（employee_id，主键且唯一）、姓名（first_name）、姓氏（last_name）、入职日期（hire_date）及薪资（salary，要求非负）。

☆DeepSeek 回答：

用户需要为名为 employees 的表创建约束，以确保数据的完整性和一致性。该表需要包含员工 ID、姓名、姓氏、入职日期和薪资这几个字段。

首先，员工 ID 将作为主键，具有唯一性，因此定义为 PRIMARY KEY，考虑到使用的便利性，建议采用自增的 INT 类型。

其次，姓名和姓氏均为字符串类型，可使用 VARCHAR 进行存储。其长度可根据实际需求设定，如 VARCHAR(100) 通常足够容纳相关信息。对于入职日期，DATE 类型最为适宜，它能精确记录年、月、日信息。薪资字段需要存储非负的精确数值，因此推荐使用 DECIMAL(10, 2) 类型。该类型能够确保数值精度（总位数 10 位，含 2 位小数），并需额外添加约束条件以防止出现负数，从而保障薪资数据的正确性。通常，建议将薪资字段设置为 NOT NULL 以确保数据的完整性。

再次，还需评估数据类型选择的合理性。例如，员工ID是否确实需要自增属性（这将简化数据插入操作）。同时，虽然用户未明确提及，但薪资字段的 NOT NULL 约束通常是必要的。

最后，将上述设计整合为规范的 CREATE TABLE SQL语句时，需确保语法无误，主键定义和各种约束（如唯一性、非空、非负）均正确应用。若用户未特别指定字符集和排序规则，则采用数据库默认设置。

SQL语句如下。

```
CREATE TABLE employees (
    employee_id INT AUTO_INCREMENT PRIMARY KEY,
    first_name VARCHAR(100) NOT NULL,
    last_name VARCHAR(100) NOT NULL,
    hire_date DATE NOT NULL,
    salary DECIMAL(10, 2) NOT NULL CHECK (salary >= 0)
);
```

☆提示词：

将hire_date字段修改为默认约束，默认设置为当前时间。

☆DeepSeek回答：

用户希望将hire_date字段的默认约束设置为当前时间。

首先，应回顾employees表结构以确认当前情况。原hire_date字段为DATE类型，设有NOT NULL约束，但无默认值。现需要修改该字段，使插入数据时若未指定hire_date，系统能自动填入当前日期。

其次，需要考虑如何修改现有表结构。通常使用ALTER TABLE语句实现。但具体语法因数据库系统而异。在MySQL中，为DATE类型字段设置默认值可使用DEFAULT CURRENT_DATE。若为DATETIME或TIMESTAMP类型，则可能使用CURRENT_

TIMESTAMP，但此处保持DATE类型不变，故默认值应为CURRENT_DATE。

需要注意MySQL是否允许DATE类型字段以CURRENT_DATE作为默认值。查阅文档可知，自MySQL8.0.13版本起，允许DATE、DATETIME和TIMESTAMP类型使用CURRENT_TIMESTAMP及相关函数作为默认值。因此，若用户MySQL的版本为8.0.13或更高，此方案可行。否则，可能需要其他方法（如触发器）来实现设置默认值的目的，但用户可能更倾向于直接设置默认值。

最后，编写ALTER TABLE语句修改hire_date字段，为其添加默认约束。

```
ALTER TABLE employees
MODIFY COLUMN hire_date DATE NOT NULL DEFAULT
(CURRENT_DATE);
```

此外，需要提醒用户注意数据库版本兼容性问题，避免因版本不支持而导致操作失败。

☆结果说明：

执行上述SQL语句后，将成功在数据库中创建一个名为employees的表，该表包含5个字段，并设置了以下重要的约束。

● 主键约束：确保employee_id字段的唯一性，防止重复记录。

● 非负约束：通过CHECK约束确保salary字段的值始终为非负，防止输入无效数据。

● 默认约束：通过默认约束确保hire_date字段的值默认为当前时间。

17.3 索引

数据库索引（Index）是数据库管理系统中对数据库表的一列或多列的值进行排序的一种结构。使用索引可以快速访问数据库表中的特定信息，其主要目的是显著加快检索表中数据的速度。

索引的概念可以类比于字典的目录。字典分为目录和正文，目录能够快速定位查找内容，可被视为索引。数据库索引的作用与之类似，旨在帮助用户快速访问所需数据。

根据特性和用途，数据库索引主要分为以下几种类型。

（1）唯一索引（Unique Index）：基于表的一个或多个字段组合建立的索引。该索引要求这些字段值的组合在表中必须唯一。

（2）非唯一索引（Non-Unique Index）：基于表的一个或多个字段组合建立的索引。该索引允许这些字段值的组合在表中重复。

（3）主键索引（Primary Key Index）：唯一索引的一种特定类型。通常在表中创建主键约束时自动创建。一个表只能有一个主键索引。

（4）聚集索引（Clustered Index）：该索引决定了表中数据行的物理存储顺序，该顺序与索引键值的逻辑顺序保持一致。一个表只能有一个聚集索引。

（5）非聚集索引（Non-Clustered Index）：与聚集索引不同，非聚集索引的叶节点并不直接存储数据行的物理信息，而是存储指向数据行物理位置的指针（如ROWID或聚集索引键）。一个表可以有多个非聚集索引。

（6）组合索引（Composite Index）：基于表中的多个字段联合创建的索引。当查询条件或排序操作经常同时涉及这些字段时，组合索引非常高效。

创建索引的语法如下。

> **语法**：CREATE INDEX 索引名 ON 表名(列名1 [长度], 列名2 [长度], ...);

> **说明**：
> - 索引名：指定索引的名称，该名称在数据库中必须是唯一的。
> - 表名：指定要创建索引的表名。
> - 列名：指定要创建索引的列名。可以指定一个或多个列来创建组合索引。

● 长度（可选）：对于字符串类型的列，可以指定索引的长度。指定长度有助于减小索引占用的物理空间，提高索引效率。

【示例17-6】给产品表（Products）中的prod_name字段添加一个索引。

输入▼

CREATE INDEX name_index ON Products (prod_name);

分析▼

该SQL语句的目的是在Products表的prod_name列上创建一个名为name_index的索引。创建此索引的目的是加速基于产品名称的数据库查询。

温馨提示：

（1）索引的优点。

● 提高查询速度：索引可以显著减少数据库引擎扫描的数据量，从而加快查询速度。

● 确保数据的唯一性：唯一索引能够确保表中数据的唯一性。

● 加速表与表之间的连接：索引可加速表与表之间的连接操作，尤其是在进行多表查询时。

● 维护参照完整性：索引有助于更高效地维护表与表之间的参照完整性。

（2）索引的缺点。

● 占用额外空间：索引结构需要占用额外的物理存储空间。

● 影响写操作性能：执行数据插入、删除和更新操作时，数据库需要同步维护相关索引，这会增加写操作的开销，可能降低其性能。

注意：

（1）选择合适的列创建索引，优先对以下列创建索引：频繁出现在查询条件（WHERE子句）中的列；经常用于排序（ORDER BY子句）或分组（GROUP BY子句）的列。

（2）权衡维护成本：创建索引需要在查询性能提升与写操作性能损耗之间进行权衡，避免在写操作频繁的表上创建过多索引。

（3）遵循最左匹配原则：在创建组合索引时，应将最常被查询条件或排序引用的列置于索引定义的最左侧。数据库引擎在使用组合索引进行查询时严格遵循"最左匹配原则"。

17.4 实例22：利用AI工具快速创建表的索引

【实例要求】

现有一张名为MESSAGE的表，该表包含字段ID（主键）、REQ_NO、CONTENT等。我们需要为REQ_NO字段创建索引以提高该字段的查询性能。

【思路分析】

（1）确定索引需求：明确哪些字段需要创建索引。在本实例中，REQ_NO字段因频繁出现在查询条件中，是创建索引的理想选择。

（2）选择索引类型：根据数据库的类型和具体查询需求选择合适的索引类型。在大多数情况下，默认的B-tree索引即可满足范围查询和排序的需求。

【操作步骤】

我们以DeepSeek为例，向其提问以快速编写SQL语句。在使用DeepSeek之前，我们需要清晰地描述需求。

☆提示词：

现有一张名为MESSAGE的表，该表包含字段ID（主键）、REQ_NO、CONTENT等。我们需要为REQ_NO字段创建索引以提高该字段的查询性能。

☆DeepSeek回答：

> 为数据库中的MESSAGE表在REQ_NO字段上创建索引，需进行以下分析。
> 首先，明确索引需求。REQ_NO字段若频繁作为查询条件，为其

创建索引可显著提升相关查询速度。

其次，选择索引类型。通常，默认的 B-tree 索引是通用选择，尤其适用于范围查询和排序操作。若 REQ_NO 字段常与其他字段联合作为查询条件，可考虑组合索引；但当前需求主要针对该单字段。

再次，确定创建语法。不同数据库管理系统的创建语法略有差异。MySQL 可使用 CREATE INDEX 语句，或在表定义时通过 INDEX 或 KEY 关键字添加索引。PostgreSQL 等数据库的语法通常与 MySQL 的 CREATE INDEX 高度相似。

最后，遵循规范与权衡。采用一致的索引命名规范（如包含表名前缀），便于管理。评估索引对写操作性能的潜在影响，避免过度索引。

以下是为 REQ_NO 字段创建索引的 SQL 语句。

CREATE INDEX idx_req_no ON MESSAGE (REQ_NO);

☆结果说明：

执行上述 SQL 语句后，若操作成功，将在 MESSAGE 表的 REQ_NO 字段上创建一个名为 idx_req_no 的索引。此索引将有效提升基于 REQ_NO 字段的查询性能。

> 注意：
> （1）在实际操作中，需确保数据库管理工具已连接至目标数据库，且当前用户拥有执行该操作的权限。
> （2）创建索引前，应充分评估索引对数据库性能的影响，避免创建不必要的索引导致数据库性能下降。

17.5 触发器

数据库触发器（Trigger）是一种特殊类型的存储过程，它会在数据库表中发生指定事件时自动执行（触发）。这些事件可以是数据插入

（INSERT）、更新（UPDATE）、删除（DELETE）等。触发器的主要目的是维护数据的完整性和执行复杂的业务规则，这些规则可能在单独的SQL语句中难以实现或维护。

1. 触发器的主要特点

（1）自动执行：当满足触发器定义的条件时，触发器会自动执行，而无须用户显式调用。

（2）隐藏性：触发器对用户是透明的，用户执行数据操作时可能察觉不到触发器的存在。

（3）关联性：触发器是定义在特定的表或视图上的，与这些表或视图紧密相关。

（4）事务性：触发器中的操作可视为一个整体的事务，要么全部成功，要么全部失败回滚。

2. 触发器的类型

（1）DML触发器：在数据操作语言（DML）事件上触发，如INSERT、UPDATE、DELETE。

（2）DDL触发器：在数据定义语言（DDL）事件上触发，如CREATE、ALTER、DROP等。DDL触发器主要用于记录数据库的架构更改或执行管理任务。

（3）登录触发器：在登录事件上触发，用于执行用户登录操作时的安全检查或审计。

不同的数据库触发器的语法不同，以下介绍SQL Server 和Oracle两种主流数据库触发器的基本语法格式。

SQL Server触发器的语法格式如下。

```
语法：
 CREATE TRIGGER trigger_name
ON table_name
[WITH ENCRYPTION]
FOR | AFTER | INSTEAD OF
[INSERT, UPDATE, DELETE]
```

```
AS
BEGIN
    -- 触发器代码
END;
```

说明：
- trigger_name：触发器的名称。
- table_name：触发器关联的表名。
- [WITH ENCRYPTION]（可选）：对触发器定义文本进行加密，防止查看其源代码。
- FOR | AFTER | INSTEAD OF：指定触发器的类型。FOR 和 AFTER 在大多数数据库中可互换，表示在指定操作之后执行；INSTEAD OF 表示触发器替代了原来的操作。
- [INSERT, UPDATE, DELETE]：指定触发器响应的事件类型。

Oracle 触发器的语法格式如下。

语法：
```
CREATE [OR REPLACE] TRIGGER trigger_name
{BEFORE | AFTER | INSTEAD OF}
{INSERT | UPDATE [OF column_name [, column_name] ...] | DELETE}
ON table_name [FOR EACH ROW [WHEN (condition)]]
DECLARE
    -- 声明变量
BEGIN
    -- 触发器体，即触发器要执行的 PL/SQL 块
    -- 可以使用 :OLD 和 :NEW 伪记录来引用行的原始值和新值（仅适用于行级触发器）
END;
```

说明：
- CREATE [OR REPLACE] TRIGGER trigger_name：如果同名触发器已存在，则替换它。否则，创建新触发器。

- {BEFORE | AFTER | INSTEAD OF}：指定触发时机。BEFORE是在指定操作执行前触发。AFTER是在指定操作成功执行后触发。INSTEAD OF是替代指定的操作执行（主要用于视图）。
- {INSERT | UPDATE [OF column_name [, column_name] ...] | DELETE}：指定触发器响应的DML操作类型。对于UPDATE操作，可以指定只响应特定列的更新。
- ON table_name：指定触发器关联的表名或视图名。
- [FOR EACH ROW [WHEN (condition)]]：可选的，指定触发器为行级触发器。若省略FOR EACH ROW，则默认为语句级触发器。WHEN (condition)子句允许用户进一步限制触发器的执行条件。
- DECLARE ... BEGIN ... END;：定义触发器的PL/SQL逻辑块。在行级触发器中，可以使用:OLD和:NEW伪记录来分别访问行的原始值和新值（对于INSERT和UPDATE操作）。

【示例17-7】编写一个触发器，让产品表（Products）中的产品价格（price）在新增和修改时增加100。

输入▼

```
CREATE TRIGGER pro_trigger
ON Products
FOR INSERT, UPDATE
AS
BEGIN
    UPDATE Products
    SET price = price + 100
    WHERE id = inserted.cust_id;
END;
```

分析▼

该示例展示了SQL Server的写法。

注意：

（1）过度或复杂地使用触发器可能会显著降低数据库性能。

（2）触发器可能增加数据库维护的复杂度和调试难度。
（3）在使用触发器时，应仔细考虑其可能带来的副作用和依赖关系。

17.6 实例23：利用AI工具快速编写触发器

【实例要求】

现有名为EMPLOYEE的数据库表，包含字段ID（员工ID）、NAME（员工姓名）、SALARY（员工薪资）和DEPARTMENT（部门）。当某个员工的薪资发生变动时，我们希望自动记录这次变动到另一个名为SALARY_HISTORY的表中，该表包含字段EMPLOYEE_ID（员工ID）、OLD_SALARY（旧薪资）、NEW_SALARY（新薪资）和CHANGE_DATE（变更日期）。

【思路分析】

（1）确定触发器类型：由于需要在EMPLOYEE表的SALARY字段更新时执行操作，因此应该创建一个AFTER UPDATE触发器。

（2）确定触发器作用范围：触发器应仅在SALARY字段更新时触发，而非在更新其他字段时触发。

（3）编写触发器逻辑：在触发器内部，需要获取更新前后的薪资值，并将它们同员工ID、当前时间戳插入SALARY_HISTORY表中。

（4）测试触发器：在创建触发器后，通过更新EMPLOYEE表中的SALARY字段来测试触发器是否按预期工作。

【操作步骤】

我们以DeepSeek为例，向其提问以快速编写触发器。在使用DeepSeek之前，我们需要清晰地描述需求。

☆提示词：

现有一张名为EMPLOYEE的数据库表，包含字段ID（员工ID）、NAME（员工姓名）、SALARY（员工薪资）和DEPARTMENT（部门）。当某个员工的薪资发生变动时，我们希望自动记录这次变动到另一个名为SALARY_HISTORY的表中，该表包含字段EMPLOYEE_ID（员工ID）、OLD_SALARY（旧薪资）、NEW_SALARY（新薪资）和CHANGE_DATE（变更日期），请编写一个触发器来实现此功能。

☆DeepSeek回答：

首先，需要理解用户需求。当EMPLOYEE表中的薪资（SALARY）字段发生变更时，需自动将相关变化记录到SALARY_HISTORY表中。

该EMPLOYEE表包含ID、NAME、SALARY和DEPARTMENT字段。具体需求是当SALARY字段更新后，需将旧薪资值、新薪资值以及变更日期记录至SALARY_HISTORY表。

其次，考虑触发器类型。由于需响应更新操作，应选用AFTER UPDATE类型触发器。此类型可在数据更新完成后再执行记录操作。

再次，确定触发器的结构。触发器结构需遵循PL/SQL语法规范，需在EMPLOYEE表上创建，并设置为在SALARY字段每次更新后执行。

关键逻辑在于仅当薪资实际变动时才记录历史。因此，在触发器内部需比较更新前的值（:OLD.SALARY）与更新后的值（:NEW.SALARY）。若两者相等，则表明薪资未发生实质性变化，无须记录。若薪资发生变化，则需向SALARY_HISTORY表插入一条新记录。插入的字段应包括EMPLOYEE_ID（对应EMPLOYEE.ID）、OLD_SALARY、NEW_SALARY以及表示变更时间的CHANGE_DATE（该字段值可通过SYSDATE函数获取当前系统日期和时间）。

最后，需确保该触发器仅在SALARY字段更新且值发生变动时触发，而非因其他字段更新而触发。这通常通过在触发器逻辑中添加条件判断（如检查:OLD.SALARY是否不等于:NEW.SALARY）来实现。

此外，需考虑异常处理机制。尽管触发器通常无须过于复杂的错误处理逻辑，但仍需确保向SALARY_HISTORY表插入记录的操作不会因意外错误导致主事务中断。鉴于当前需求描述，此部分可暂不深入。

正确的SQL语句如下。

```sql
CREATE OR REPLACE TRIGGER salary_change_trigger
AFTER UPDATE OF SALARY ON EMPLOYEE
FOR EACH ROW
BEGIN
    -- 检查薪资是否发生变化
    IF :OLD.SALARY != :NEW.SALARY THEN
      INSERT INTO SALARY_HISTORY (
        EMPLOYEE_ID,
        OLD_SALARY,
        NEW_SALARY,
        CHANGE_DATE
      ) VALUES (
        :OLD.ID,
        :OLD.SALARY,
        :NEW.SALARY,
        SYSDATE
      );
    END IF;
END;
```

☆结果说明：

执行上述步骤后，每当EMPLOYEE表中的SALARY字段被更新时，触发器salary_change_trigger都会自动执行。如果薪资发生了变化（新旧薪资值不相等），那么触发器会将当前员工ID、旧薪资、新薪资以及当前时间等信息插入SALARY_HISTORY表中。这样，我们就能跟踪员工薪资的历史变动情况。

17.7 数据库安全

数据库安全是保护数据库系统免受未经授权的访问、泄露、更改或破坏的一系列措施和技术的集合。它包含多个层面和多个维度的安全控制，以确保数据库系统的完整性、保密性和可用性。

数据库权限是指用户对数据库中的数据和操作所拥有的执行权利，决定了用户可以访问哪些数据以及可以对数据执行哪些操作。数据库权限主要分为以下两大类。

（1）系统权限：决定用户是否可以连接到数据库以及在数据库中可以进行哪些系统操作，如创建表、视图、序列等。

（2）对象权限：决定用户对数据库中具体对象（如表、视图、序列等）所拥有的操作权限，如读取（SELECT）、修改（UPDATE）、删除（DELETE）等。

> **温馨提示：**
> （1）权限管理与分配。
> ● 建立合理的权限体系：根据用户和用户组的需求及数据操作的重要性和敏感性，制定不同的权限策略，确保仅授权用户能访问和操作敏感数据。
> ● 适当的授权和限制：根据用户的职责和需求授予其相应的权限，避免滥用权限或意外操作导致的数据丢失或泄露。同时，应严格限制用户的权限范围，避免过度授权带来的安全风险。
> ● 通过角色授予权限：管理员可将权限集中授予角色，再将角色授予一个或多个用户。这种方式便于权限的统一管理和高效调整。
> （2）权限控制机制。
> ● 身份认证：用户必须通过身份验证（如用户名和密码、生物识别等）才能访问数据库。身份认证是权限管理的基础，确保只有经过认证的用户才能访问数据库。
> ● 访问控制：数据库管理系统根据预设的规则和策略，管理用户对不同数据的访问权限，如读取、修改、删除等。通过严格的访问控制，可以防止未经授权的用户访问敏感数据。
> ● 审计与日志管理：审计功能可以记录用户登录、操作历史及异常情况

等内容；日志管理则可以在日志文件中保存所有的操作日志，以备后续分析和使用。这有助于在发生安全事件时定位问题根源。

了解数据库权限后，下面介绍权限语法，主要涉及用户权限的授予（GRANT）、撤销（REVOKE）及查询（SHOW GRANTS）等。

1. 授予权限（GRANT）

语法：
GRANT 权限列表
ON 数据库名.表名 TO '用户名'@'登录主机' [IDENTIFIED BY '密码'] [WITH GRANT OPTION];

说明：
● 权限列表：要授予的权限，如 SELECT、INSERT、UPDATE、DELETE 等；使用 ALL PRIVILEGES 表示授予所有权限。
● 数据库名.表名：指定权限适用的数据库和表，可以使用 "." 表示所有数据库和表。
● '用户名'@'登录主机'：指定被授权用户的账户名及其可连接数据库服务器的主机。
● [IDENTIFIED BY '密码']：可选，为新用户设置密码，或者在授权时修改已存在用户的密码。
● [WITH GRANT OPTION]：可选，表示被授权的用户可以将自己所拥有的权限授予其他用户。

2. 撤销权限（REVOKE）

语法： REVOKE 权限列表 ON 数据库名.表名 FROM '用户名'@'登录主机';

说明：
● 权限列表：要撤销的权限，多个权限可用逗号分隔。
● 数据库名.表名：指定权限适用的数据库和表，规则与 GRANT 语句相同。
● '用户名'@'登录主机'：指定被撤销权限的用户账户。

3. 查询权限（SHOW GRANTS）

语法：
SHOW GRANTS;
-- 查询特定用户权限的语法
SHOW GRANTS FOR '用户名'@'登录主机';

说明：
这两条命令分别用于显示当前用户的权限和指定用户的权限。

注意：
（1）执行 GRANT 和 REVOKE 语句需要具有足够权限，通常需要全局的 GRANT OPTION 权限或特定对象的权限。
（2）权限的授予和撤销是立即生效的，不需要重启数据库服务。
（3）权限的授予应谨慎进行，避免授予过多权限导致安全风险。
（4）应定期审查数据库用户的权限，确保其分配符合实际需求和安全策略。

17.8 本章小结

数据库的高级特性，包括约束、索引、触发器和数据库安全机制，是构建健壮、高效、安全的数据库系统不可或缺的部分。通过合理应用这些特性，能够有效保障数据的完整性、提升查询性能、实现自动化的数据处理流程，并建立有效的安全防护机制以抵御各种安全威胁。值得注意的是，任何技术的使用都需要权衡利弊，避免因过度设计或配置不当导致的性能下降或安全隐患。因此，数据库管理员或开发者应当持续深化对这些高级特性的理解，结合实际业务需求灵活应用，以最大化地发挥数据库系统的潜力。同时，我们还要学会利用 AI 工具快速编写 SQL 的高级特性。

17.9 过关练习

1. 给用户表（Users）中的用户名和电话字段创建组合索引。

2. 谈谈你对数据库安全的理解，以及如何保证数据库安全。

附录A 样例脚本

为帮助读者更好地理解本书中的示例并掌握相关内容,本附录提供了所用表的结构、表间关系说明以及创建表的样例脚本。本书示例共涉及4张表,具体如下。

(1)产品表(Products):存储产品名称、产品价格、库存数量等信息。

(2)用户表(Users):存储用户名、地址、电话等信息。

(3)订单表(Orders):存储用户ID、订单状态、订单总价等信息。

(4)订单详情表(OrderDetail):存储产品ID、订单ID、购买数量、产品单价等信息。

图A-1展示了相应的E-R图。

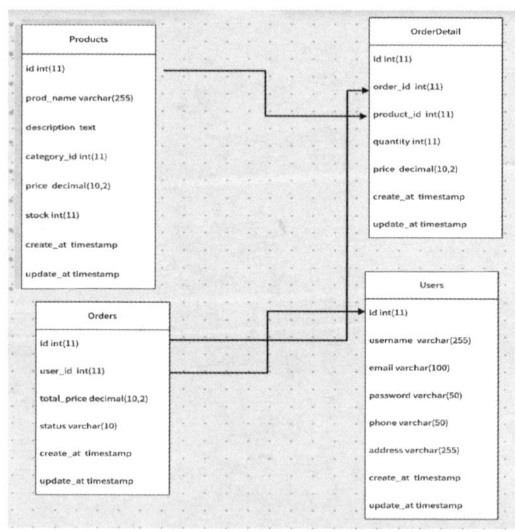

图A-1 E-R图

1. Products表结构与代码脚本

Products表结构,如表A-1所示。

表A-1 Products表结构

列名	数据类型	描述
id	INT AUTO_INCREMENT	产品的唯一标识符,自增长(主键)
prod_name	VARCHAR(255)	产品名称
description	TEXT	产品描述
category_id	INT	所属分类
price	DECIMAL(10, 2)	产品价格
stock	INT	库存数量
create_at	TIMESTAMP	产品创建时间
update_at	TIMESTAMP	产品更新时间

Products表创建及数据初始化脚本如下。

```sql
DROP TABLE IF EXISTS `Products`;
CREATE TABLE `Products` (
  `id` INT(11) NOT NULL AUTO_INCREMENT,
  `prod_name` VARCHAR(255) CHARACTER SET utf8 COLLATE utf8_bin NULL DEFAULT NULL,
  `description` TEXT CHARACTER SET utf8 COLLATE utf8_bin NULL,
  `category_id` INT(11) NULL DEFAULT NULL,
  `price` DECIMAL(10, 2) NULL DEFAULT NULL,
  `stock` INT(11) NULL DEFAULT NULL,
  `create_at` TIMESTAMP NULL DEFAULT NULL,
  `update_at` TIMESTAMP NULL DEFAULT NULL,
  PRIMARY KEY (`id`) USING BTREE
) ENGINE = InnoDB AUTO_INCREMENT = 38 CHARACTER SET = utf8 COLLATE = utf8_bin ROW_FORMAT = DYNAMIC;

-- ----------------------------
```

```
-- Records of Products
-- ----------------------------
INSERT INTO `Products` VALUES (1, '小米手机', '中国制造', 1, 2000.00, 30, '2024-05-19 17:36:29', '2024-05-19 17:36:32');
INSERT INTO `Products` VALUES (2, '华为手机', '中国制造', 1, 5000.00, 50, '2024-05-19 17:36:55', '2024-05-19 17:36:57');
INSERT INTO `Products` VALUES (3, '三星手机', '韩国制造', 2, 4000.00, 100, '2024-05-19 17:37:22', '2024-05-19 17:37:37');
INSERT INTO `Products` VALUES (4, '苹果手机', '美国制造', 4, 5000.00, 60, '2024-05-19 17:38:35', '2024-05-19 17:38:37');
INSERT INTO `Products` VALUES (5, 'vivo手机', '中国制造', 1, 2000.00, 200, '2024-05-01 00:09:19', '2024-05-07 00:09:23');
INSERT INTO `Products` VALUES (6, '谷歌手机', '美国制造', 4, 3000.00, 20, '2024-05-07 00:10:21', '2024-05-23 00:10:26');

SET FOREIGN_KEY_CHECKS = 1;
```

> 温馨提示：
> DROP TABLE IF EXISTS `Products` 用于在创建新表前删除已存在的同名表。

2. Users表结构与代码脚本

Users表结构，如表A-2所示。

表A-2 Users表结构

列名	数据类型	描述
id	INT AUTO_INCREMENT	用户的唯一标识符，自增长（主键）
username	VARCHAR	用户名
email	VARCHAR	电子邮箱
password	VARCHAR	密码
phone	VARCHAR	电话

续表

列名	数据类型	描述
address	VARCHAR	地址
create_at	TIMESTAMP	创建时间
update_at	TIMESTAMP	更新时间

Users表创建及数据初始化脚本如下。

```sql
DROP TABLE IF EXISTS `Users`;
CREATE TABLE `Users` (
  `id` INT(11) NOT NULL AUTO_INCREMENT COMMENT '主键',
  `username` VARCHAR(255) CHARACTER SET utf8mb4 COLLATE utf8mb4_0900_ai_ci NULL DEFAULT NULL COMMENT '用户名',
  `email` VARCHAR(100) CHARACTER SET utf8mb4 COLLATE utf8mb4_0900_ai_ci NULL DEFAULT NULL COMMENT '电子邮箱',
  `password` VARCHAR(50) CHARACTER SET utf8mb4 COLLATE utf8mb4_0900_ai_ci NULL DEFAULT NULL COMMENT '密码',
  `phone` VARCHAR(50) CHARACTER SET utf8mb4 COLLATE utf8mb4_0900_ai_ci NULL DEFAULT NULL COMMENT '电话',
  `address` VARCHAR(255) CHARACTER SET utf8mb4 COLLATE utf8mb4_0900_ai_ci NULL DEFAULT NULL COMMENT '地址',
  `create_at` TIMESTAMP NULL DEFAULT NULL COMMENT '创建时间',
  `update_at` TIMESTAMP NULL DEFAULT NULL COMMENT '更新时间',
  PRIMARY KEY (`id`) USING BTREE
) ENGINE = InnoDB AUTO_INCREMENT = 9 CHARACTER SET = utf8mb4 COLLATE = utf8mb4_0900_ai_ci COMMENT = '用户表' ROW_FORMAT = Dynamic;


-- ----------------------------
-- Records of Users
-- ----------------------------
INSERT INTO `Users` VALUES (1, '小王', 'user1@example.com', '123456',
```

'12345678901', '竹林尚书1单元13楼', '2024-06-01 18:09:54', '2024-07-01 18:09:57');
INSERT INTO `Users` VALUES (2, '小李', 'user2@example.com', 'xwer1234', '138825039995', '雄飞生活广场一单元四楼', '2024-06-18 18:24:57', '2024-08-03 18:25:03');
INSERT INTO `Users` VALUES (3, '小张', 'user3@example.com', 'qwer4543', '159825557363', '上龙门2单元4楼', '2024-06-03 18:26:05', '2024-07-15 18:26:11');
INSERT INTO `Users` VALUES (4, '小康', 'user4@example.com', 'gsdhsdgdd', '17732232323', '紫御中央3单元5楼', '2023-07-01 18:26:45', '2023-08-31 18:26:53');
INSERT INTO `Users` VALUES (5, '王五', 'user5@example.com', 'sjsdhshds', '15356333223', '紫御中央3单元5楼', '2024-02-21 18:26:58', '2024-05-21 18:27:05');
INSERT INTO `Users` VALUES (6, '赵六', 'user6@example.com', 'sdjskjsee', '13238232332', '朝阳小区6单元10楼', '2023-09-26 18:27:23', '2024-03-19 18:27:30');
INSERT INTO `Users` VALUES (7, '张三', 'user7@example.com', 'nvnnnfnff', '13373232327', '盛世家园7单元15楼', '2023-12-14 18:27:36', '2024-01-31 18:27:47');
INSERT INTO `Users` VALUES (8, '李四', 'user8@example.com', 'sdjskjsee', '13238232332', '招商花园4单元10楼', '2023-11-29 18:27:53', '2024-02-27 18:28:02');

SET FOREIGN_KEY_CHECKS = 1;

3. Orders表结构与代码脚本

Orders表结构，如表A-3所示。

表A-3 Orders表结构

列名	数据类型	描述
id	INT AUTO_INCREMENT	主键，自增长

续表

列名	数据类型	描述
user_id	INT	用户ID
total_price	DECIMAL(10, 2)	订单总价
status	VARCHAR	订单状态
create_at	TIMESTAMP	订单创建时间
update_at	TIMESTAMP	订单更新时间

Orders表创建及数据初始化脚本如下。

```
DROP TABLE IF EXISTS `Orders`;
CREATE TABLE `Orders` (
  `id` INT(11) NOT NULL AUTO_INCREMENT COMMENT '主键',
  `user_id` INT(11) NULL DEFAULT NULL COMMENT '用户ID',
  `total_price` DECIMAL(10, 2) NULL DEFAULT NULL COMMENT '订单总价',
  `status` VARCHAR(10) CHARACTER SET utf8mb4 COLLATE utf8mb4_0900_ai_ci NULL DEFAULT NULL COMMENT '订单状态',
  `create_at` TIMESTAMP NULL DEFAULT NULL COMMENT '订单创建时间',
  `update_at` TIMESTAMP NULL DEFAULT NULL COMMENT '订单更新时间',
  PRIMARY KEY (`id`) USING BTREE
) ENGINE = InnoDB AUTO_INCREMENT = 16 CHARACTER SET = utf8mb4 COLLATE = utf8mb4_0900_ai_ci COMMENT = '订单表' ROW_FORMAT = Dynamic;


-- ----------------------------
-- Records of Orders
-- ----------------------------
INSERT INTO `Orders` VALUES (1, 1, 2000.00, '待支付', '2023-04-01 10:00:00', '2023-04-01 10:00:00');
INSERT INTO `Orders` VALUES (2, 2, 10000.00, '已支付', '2023-04-01 12:35:00', '2023-04-02 12:30:00');
INSERT INTO `Orders` VALUES (3, 3, 16000.00, '已发货', '2023-04-01
```

```sql
14:00:00', '2023-04-03 09:15:00');
INSERT INTO `Orders` VALUES (4, 4, 15000.00, '已完成', '2023-04-04 11:00:00', '2023-04-04 11:00:00');
INSERT INTO `Orders` VALUES (5, 5, 4000.00, '待支付', '2023-04-05 15:45:00', '2023-04-05 15:45:00');
INSERT INTO `Orders` VALUES (6, 6, 15000.00, '已支付', '2023-04-06 08:30:00', '2023-04-06 08:35:00');
INSERT INTO `Orders` VALUES (7, 7, 6000.00, '已发货', '2023-04-07 13:20:00', '2023-04-08 10:00:00');
INSERT INTO `Orders` VALUES (8, 8, 45000.00, '已完成', '2023-04-08 16:00:00', '2023-04-08 16:00:00');
INSERT INTO `Orders` VALUES (9, 1, 16000.00, '已取消', '2023-04-09 09:45:00', '2023-04-09 09:45:00');
INSERT INTO `Orders` VALUES (10, 2, 4000.00, '已取消', '2023-04-10 12:15:00', '2023-04-10 12:20:00');
INSERT INTO `Orders` VALUES (11, 4, 5000.00, '已取消', '2023-04-11 14:30:00', '2023-04-12 17:00:00');
INSERT INTO `Orders` VALUES (12, 5, 5000.00, '已取消', '2023-04-12 19:00:00', '2023-04-12 19:00:00');
INSERT INTO `Orders` VALUES (13, 6, 2000.00, '已取消', '2023-04-13 11:15:00', '2023-04-13 11:15:00');
INSERT INTO `Orders` VALUES (14, 7, 2000.00, '已取消', '2023-04-14 07:45:00', '2023-04-14 07:50:00');
INSERT INTO `Orders` VALUES (15, 3, 3000.00, '已取消', '2023-04-15 13:30:00', '2023-04-16 15:00:00');

SET FOREIGN_KEY_CHECKS = 1;
```

4. OrderDetail 表结构与代码脚本

OrderDetail 表结构，如表 A-4 所示。

表A-4 OrderDetail表结构

列名	数据类型	描述
id	INT AUTO_INCREMENT	主键,自增长
order_id	INT	订单ID
product_id	INT	产品ID
quantity	INT	购买数量
price	DECIMAL(10, 2)	产品单价
create_at	TIMESTAMP	创建时间
update_at	TIMESTAMP	更新时间

OrderDetails表创建及数据初始化脚本如下。

```sql
DROP TABLE IF EXISTS `OrderDetail`;
CREATE TABLE `OrderDetail` (
  `id` INT(11) NOT NULL AUTO_INCREMENT COMMENT '主键',
  `order_id` INT(11) NOT NULL COMMENT '订单ID',
  `product_id` INT(11) NOT NULL COMMENT '产品ID',
  `quantity` INT(11) NULL DEFAULT NULL COMMENT '购买数量',
  `price` DECIMAL(10, 2) NULL DEFAULT NULL COMMENT '产品单价',
  `create_at` TIMESTAMP NULL DEFAULT NULL COMMENT '创建时间',
  `update_at` TIMESTAMP NULL DEFAULT NULL COMMENT '更新时间',
  PRIMARY KEY (`id`) USING BTREE,
  INDEX `order_id`(`order_id`) USING BTREE
) ENGINE = InnoDB AUTO_INCREMENT = 11 CHARACTER SET = utf8mb4 COLLATE = utf8mb4_0900_ai_ci COMMENT = '订单详情表' ROW_FORMAT = Dynamic;


-- ----------------------------
-- Records of OrderDetail
-- ----------------------------
INSERT INTO `OrderDetail` VALUES (1, 1, 1, 1, 2000.00, '2023-04-01 10:00:00', '2023-04-01 10:00:00');
```

```
INSERT INTO `OrderDetail` VALUES (2, 2, 2, 2, 5000.00, '2023-04-01 10:01:00', '2023-04-01 10:01:00');
INSERT INTO `OrderDetail` VALUES (3, 3, 3, 4, 4000.00, '2023-04-02 12:30:00', '2023-04-02 12:30:00');
INSERT INTO `OrderDetail` VALUES (4, 4, 4, 3, 5000.00, '2023-04-02 12:31:00', '2023-04-02 12:31:00');
INSERT INTO `OrderDetail` VALUES (5, 5, 5, 2, 2000.00, '2023-04-03 09:15:00', '2023-04-03 09:15:00');
INSERT INTO `OrderDetail` VALUES (6, 6, 6, 5, 3000.00, '2023-04-03 09:16:00', '2023-04-03 09:16:00');
INSERT INTO `OrderDetail` VALUES (7, 7, 1, 3, 2000.00, '2023-04-04 11:00:00', '2023-04-04 11:00:00');
INSERT INTO `OrderDetail` VALUES (8, 8, 2, 9, 5000.00, '2023-04-05 15:45:00', '2023-04-05 15:45:00');
INSERT INTO `OrderDetail` VALUES (9, 9, 3, 4, 4000.00, '2023-04-05 15:46:00', '2023-04-05 15:46:00');
INSERT INTO `OrderDetail` VALUES (10, 10, 3, 1, 4000.00, '2023-04-06 08:30:00', '2023-04-06 08:30:00');

SET FOREIGN_KEY_CHECKS = 1;
```

附录B　SQL关键字

SQL是由关键字组成的语言，关键字是一些用于执行数据库操作的特殊词汇。在命名数据库表、列和其他数据库对象时，一定不要使用这些关键字（注：不能使用关键字作为对象名称是为了避免语法错误、意义不明、性能问题、可读性和可维护性降低及潜在的安全风险。遵循最佳实践并遵循数据库系统的命名规范是确保数据库设计质量和安全性的关键）。常见的SQL关键字，如表B-1所示。

表B-1　常见的SQL关键字

ALL	AND	ANY	AS	ASC
BETWEEN	BY	CASE	CAST	CHECK
COLUMN	CONSTRAINT	CONTINUE	CONVERT	CREATE OR REPLACE
CROSS	CURRENT_DATE	CURRENT_TIME	CURRENT_TIMESTAMP	CURRENT_USER
DATABASE	DEFAULT	DESC	DISTINCTROW	ELSE
END	ESCAPE	EXCEPT	EXISTS	FALSE
FETCH	FOR	FOREIGN	FROM	FULLTEXT
GRANT	GROUP	HAVING	HIGH_PRIORITY	HOUR_MICROSECOND
HOUR_SECOND	HOUR_MINUTE	IF	IGNORE	IN
INDEX	INNER	INOUT	INSENSITIVE	IS
ITERATE	JOIN	KEY	KEYS	KILL
LEADING	LEAVE	LEFT	LIKE	LIMIT
LINEAR	LOCALTIME	LOCALTIMESTAMP	LOCK	LONG

续表

LONGBLOB	LONGTEXT	LOOP	LOW_PRIORITY	MASTER_BIND
MATCH	MASTER_SSL_VERIFY_SERVER_CERT	MEDIUMBLOB	MEDIUMINT	MEDIUMTEXT
MIDDLEINT	MINUTE_MICROSECOND	MINUTE_SECOND	MOD	MODIFIES
NATURAL	NOT	NO_WRITE_TO_BINLOG	NULL	NUMERIC
ON	OPTIMIZE	OPTION	OPTIONALLY	OR
ORDER	OUT	OUTER	OUTFILE	PRECISION
PRIMARY	PROCEDURE	PURGE	RANGE	READ
READS	READ_WRITE	REAL	REFERENCES	REGEXP
RELEASE	RENAME	REPEAT	REPLACE	REQUIRE
RESIGNAL	RESTRICT	RETURN	REVOKE	RIGHT
RLIKE	SCHEMA	SCHEMAS	SECOND_MICROSECOND	SELECT
SENSITIVE	SEPARATOR	SET	SHOW	SIGNAL
SMALLINT	SPATIAL	SPECIFIC	SQL	SQLEXCEPTION
SQLSTATE	SQLWARNING	SQL_BIG_RESULT	SQL_CALC_FOUND_ROWS	SQL_SMALL_RESULT
SSL	STARTING	STRAIGHT_JOIN	TABLE	TERMINATED
THEN	TINYBLOB	TINYINT	TINYTEXT	TO
TRAILING	TRIGGER	TRUE	UNDO	UNION
UNIQUE	UNLOCK	UNSIGNED	UPDATE	USAGE
USE	USING	UTC_DATE	UTC_TIME	UTC_TIMESTAMP
VALUES	VARBINARY	VARCHAR	VARCHARACTER	VARYING
WHEN	WHERE	WHILE	WINDOW	WITH
WRITE	XOR	YEAR_MONTH	ZEROFILL	